Conoce todo sobre
LEGO EV3
Programación de Robots

Conoce todo sobre
LEGO EV3
Programación de Robots

Daniel Zaldívar Navarro

Erik Valdemar Cuevas Jiménez

Marco Antonio Pérez Cisneros

Sara Esquivel Torres

Diego Alberto Oliva Navarro

Ra-Ma®

La ley prohíbe
fotocopiar este libro

Editado por:
RA-MA Editorial
Madrid, España
Clave para acceder al contenido adicional en línea: 978-84-9964-738-8

Colección American Book Group - Ingeniería y Tecnología - Volumen 1.
ISBN No. 978-168-165-694-6
Biblioteca del Congreso de los Estados Unidos de América: Número de control 2019934924
www.americanbookgroup.com/publishing.php

Maquetación: Antonio García Tomé
Diseño de portada: Antonio García Tomé
Arte: Freepick

Gracias a Dios por darme la dicha
de materializar el esfuerzo
y a mi pequeña Arelí,
compañera de aventuras.

Sara Esquivel Torres.

ÍNDICE

PRÓLOGO

El avance científico y la creación de nuevas tecnologías siempre ha estado presente en nuestra historia, pero es a partir de la creación de los transistores que se materializa gran cantidad de ciencia, volviéndose perceptible el incremento en la creación de dispositivos que pueden estar al alcance de los individuos, asimismo, las sociedades que más han apostado por el desarrollo de nuevas tecnologías son también las más desarrolladas y más tecnificadas, llegando a crear ciudades inteligentes capaces de recopilar, procesar y transformar la información para incrementar procesos y servicios, requiriendo mayor eficiencia que mejore nuestra vida diaria.

No es ajeno para la mayoría el crecimiento y aplicación de la robótica en los últimos años, pues hace algunas décadas era inalcanzable para un ciudadano promedio, actualmente es utilizada ampliamente en la solución de múltiples problemas prácticamente de todas las ramas de la industria, con un gran potencial de incluirse en nuestra vida cotidiana, con la reciente creación de robots sociales auxiliares en tareas diarias.

De ahí la importancia del estudio temprano de la tecnología y sus principios presentada de manera amigable, practica y aplicada como herramienta para reforzar los conocimientos teóricos adquiridos en asignaturas como; matemáticas, física, computación, electrónica, etcétera, que resulta ser una estrategia exitosa en países desarrollados.

En este contexto, se propone este libro con la intención de generar interés en el uso, estudio e implementación de la tecnología mediante la programación de robots tipo LEGO MINDSTORMS EV3, el presente material se centra en la programación del robot LEGO EV3 mediante la creación de proyectos pequeños en varios lenguajes de programación iniciando con el entorno gráfico EV3-G, continuando con una de las plataformas básicas para todo programador, el entorno de lenguaje C mediante RobotC, leJOS que está basado en java y, por ultimo, Matlab®.

Los proyectos son amigables, inicialmente sencillos, pero aumentan la complejidad conforme se avanza en la unidad, pueden ser utilizados para realizar proyectos más complejos o como fundamento para la introducción de estudiantes a los diferentes lenguajes, de esta manera comenzar en las áreas de computación, informática, electrónica, matemáticas, etc. Pretendiendo animar a los lectores a adentrarse en los temas para generar ideas que sean materializables en el robot y posean el potencial de solucionar problemas en la actualidad, también para ser un material de apoyo en la impartición de cursos y talleres de robótica y/o para que cualquier estudiante auto-aprenda y desarrolle sus capacidades en el uso de esta tecnología.

El libro está constituido en 5 capítulos los detalles en el tratamiento de cada uno se describen a continuación.

En el capítulo 1 se plantean los antecedentes del desarrollo del kit LEGO MINDSTORMS, se efectúa una breve comparación entre el NXT y el EV3, y se describe cada componente (sensores, cerebro, servos etc.).

En el capítulo 2 se presenta el lenguaje de programación LEGO MINDSTORMS EV3 que es un entorno gráfico y amigable para programar el robot de LEGO, permite desarrollar habilidades y el pensamiento lógico ideal personas que probablemente se acercan por primera vez a un robot o a un lenguaje de programación se crean pequeños ejercicios sobre sensores y actuadores que facilitan el aprendizaje significativo.

En el capítulo 3 describe el uso del lenguaje ROBOTC, herramienta que soporta la programación para diferentes robots, no solo Legos, cuenta con un entorno de simulación-emulación del código, actuando en un robot virtual una ventaja si no se cuenta con el robot físico, se trabajan 8 proyectos que van aumentando en complejidad iniciando con cosas sencillas, por lo que si el lector no es un programador se va adentrando de una forma guiada hasta que por sí mismo crea sus propios proyectos.

En el capítulo 4 se presenta el entorno de programación Lejos EV3 de java, lenguaje orientado a objetos de código abierto con soporte en las principales plataformas, herramienta poderosa para dejar volar la imaginación y crear un sin número de proyectos, los proyectos inician con rutinas simples que se vuelven complejas conforme se avanza en el contenido hasta crear una interfaz gráfica para la comunicación PC-EV3.

En el capítulo 5 se abarca el software de uso científico Matlab®, presentando la implementación y explicación de interesantes proyectos que involucran el uso de los sensores y actuadores del Lego Mindstorms EV3. Los proyectos llevarán al lector a crear conexión entre el robot y el ordenador mediante USB o wifi, hasta el control para el seguimiento de una trayectoria, siempre de lo sencillo a lo complejo.

El libro se encuentra estructurado de tal manera que el lector puede iniciar con el capítulo o lenguaje que le agrade adquirir los conocimientos y la necesidad de pasar por los anteriores para poder desarrollar los proyectos ya que cada capítulo es independiente del anterior.

De manera muy especial agradezco a los compañeros: Andrea Hernández por la revisión de los ejercicios contenidos en el libro, Ángel Trujillo y Óscar Gutiérrez por el apoyo brindado en el desarrollo del material y a todos los colaboradores del laboratorio del cuerpo académico de robótica de la Universidad de Guadalajara, CUCEI.

Este libro fue desarrollado utilizando el soporte económico CONACYT 311304 / 613725.

Daniel Zaldívar Navarro.
Erik V. Cuevas Jiménez.
Marco A. Pérez Cisneros.
Sara Esquivel Torres.
Diego A. Oliva Navarro.

Enero de 2018
Guadalajara, Jalisco, México.

1

INTRODUCCIÓN

En 1985 el presidente de la compañía LEGO se acercó al grupo de epistemología y aprendizaje del MIT (Massachusetts Institute of Technology), principalmente porque ambos grupos compartían la idea fundamental del construccionismo, el cual se fundamenta en que, en lugar de solo instruir con fórmulas y técnicas (instruccionismo), es preferible fomentar el aprendizaje mediante un ambiente en el que el estudiante pueda desempeñar actividades propias de ingenieros o inventores, resolviendo directamente los problemas técnicos, como vía para acceder a los principios fundamentales de la ciencia y la técnica; así mismo, se fomenta el pensamiento científico en el estudiante y se genera un auténtico interés en las actividades académicas que realiza, motivado a buscar información para solucionar los retos técnicos que va encontrando.

Las palabras del líder del grupo de epistemología y aprendizaje del MIT, Mitchel Resnick, "diseñar cosas que permitan a los estudiantes diseñar cosas" se pusieron en práctica.

La historia detrás del proyecto LEGO Mindstorms es en realidad un relato fascinante de cómo tres organizaciones – El grupo de Epistemología y Aprendizaje de Resnick y Papert, la Corporación LEGO, y el Laboratorio de Medios del MIT- se comprometieron en una compleja interacción social que dio forma a la evolución de la tecnología. Cada grupo tenía sus propios intereses e ideas de lo que significaba el éxito; por lo tanto, cada organización influenció el desarrollo del producto Mindstorms y sus prototipos de diversas maneras.

El grupo de Epistemología y Aprendizaje, trató de crear y difundir nuevos enfoques constructivistas para el aprendizaje. La Compañía LEGO también aspiró a proveer enfoques constructivistas para el aprendizaje, al mismo tiempo querían "ser la marca más fuerte en el mundo entre familias con niños". Finalmente, el

Laboratorio de Medios del MIT trató de crear un modelo nuevo y visible al público de la investigación académica, que hace hincapié en el impacto público de las ideas y fomenta su transferencia entre los grupos de investigación académica, los patrocinadores corporativos, e infundir aliento a la comunidad científica e ingenieril.

El Laboratorio proporcionó un ambiente para la investigación que llevó al producto Mindstorms a crecer y desarrollarse; sin embargo, no fue sino hasta septiembre de 1998, cuando la compañía LEGO finalmente presento al mercado un nuevo producto llamado "Kit de Invención Robótica LEGO Mindstorms " (Robotic Invention System), fruto de la colaboración antes descrita entre la compañía LEGO y el MIT.

El producto se convirtió instantáneamente en un éxito comercial, este consistía en 717 piezas incluyendo bloques LEGO, motores, engranes, varios sensores, un ladrillo RXC con un microprocesador integrado y el software para programar creaciones Mindstorms.

En un principio el kit Mindstorms fue concebido como un regalo de Navidad para los niños y entusiastas del área, pero a un año de su aparición en el mercado, la comunidad ingenieril y científica adoptaron este producto. Desde entonces los usuarios han creado numerosos sitios en Internet con planos de cómo construir novedosas creaciones Mindstorms y enlistando el código necesario para programarlas. Así mismo, ingenieros en software han creado entornos de programación y sistemas operativos alternativos para el ladrillo RXC, entre ellos el llamado LegoOS y un entorno de ejecución basado en Java llamado TinyVM. Incluso se han publicado numerosos libros acerca de cómo usar el kit Mindstorms, incluyendo Lego Mindstorms for Dummies y The Unofficial Guide to Lego Mindstorms.

El kit NXT está basado en un cerebro de computo (brick) extendiendo sus capacidades mediante la comunicación *Bluetooth*, permitiendo así interactuar con otros dispositivos compatibles con esta tecnología (Computadoras, teléfonos celulares, otros legos, etc.). Incluye sensores propios, y existe la posibilidad de obtener sensores especializados de terceras compañías.

La versión actual de la plataforma robótica LEGO Mindstorms es llamada EV3 y sigue conservando la filosofía original de ser amigable, abierta y de bajo costo, permitiendo la rápida elaboración de experimentos y prototipos.

Otro aspecto muy importante, es el crecimiento considerable en la oferta de plataformas de programación para el MINDSTORMS, permitiendo ser programado desde amigables entornos de programación gráfica (Labview, LEGO MINDSTORMS EV3 Home Edition, etc.), apps para el celular y la tableta, plataformas de programación de alto nivel con librerías de funciones basadas en lenguaje C (ROBOTC, EV3BASIC, etc.), Java (LEJOS) e incluso en uno de los ambientes más populares de programación científico/ingenieril como es Matlab/ Simulink. Permitiendo así, su acceso a una enorme cantidad de personas, de muy diferentes niveles e intereses académicos, que ahora cuentan con la potencialidad de desarrollar rápidamente desde prototipos educativos, hasta aplicaciones complejas, con objetivos ingenieriles/científicos que contribuyen a la generación, implementación y presentación de ideas innovadoras.

Cada proyecto en este libro se encuentra organizado para su presentación de la siguiente manera:

1. Descripción breve del proyecto,

2. Reglas de comportamiento del robot,

3. Explicación del Código del programa, acompañado de una descripción de las funciones utilizadas.

Por último, la construcción, código y videos de todos los robots propuestos en este libro, son descritos en detalle y se encuentran disponibles para su descarga en la página de internet de este libro.

1.1 COMPATIBILIDAD ENTRE NXT Y EV3

Desde septiembre de 1998 con el lanzamiento de LEGO MINDSTORMS, han existido tres generaciones de ladrillos MINDSTORMS, de los cuales mencionaremos la compatibilidad de los dos últimos, por ser estos, los mayormente introducidos en la sociedad educativa, el LEGO NXT y el LEGO EV3. Con cada uno de estos ladrillos se han lanzado algunas versiones diferentes de las cuales no se hablará en este libro debido a que no existe diferencia en el ladrillo que incluyen, solo en los accesorios, motivo por el cual, la comparación que realizaremos será solo en base a las compatibilidades existentes en los ladrillos arriba mencionados.

El LEGO EV3 es más potente comparado con el LEGO NXT, al ser un producto lanzado 7 años después resulta claro de observar, en 2013 y con los avances en la tecnología, el EV3 cuenta con mayores recursos de hardware, entre los cuales destaca la mayor capacidad de procesamiento, mayor cantidad de memoria flash, dos puertos USB y una notable velocidad en los puertos de sensores. Las características específicas del EV3 serán tratadas posteriormente a detalle.

A continuación, se presenta una tabla con las diferencias entre estos dos ladrillos.

Característica	NXT	EV3
Procesador	ARM de 32 bits AT91SAM7S256 48 MHz 256 KB FLASH RAM	ARM9 300 MHz 16 MB de Flash
Co-procesador	Atmel 8-Bit AVR, ATmega48 8 MHz 4 KB FLASH-RAM RAM de 512 bytes	n / a
Sistema operativo	Propiedad	Basado en linux
Puertos del sensor	4 puertos análogos Digital: 9600 bit / s (IIC)	4 puertos análogos Digital, hasta 460,8 Kbit / s (UART)
Puertos de motor	3 con encoders	4 con encoders
Comunicación USB	Velocidad máxima (12 Mbit / s)	Alta velocidad (480 Mbit / s)
Puerto USB	n/a	Daisy-chain (3 niveles) wifi dongle Almacenamiento USB
Tarjeta SD	n/a	Micro SD-Card Reader, puede manejar hasta 32 GB
Comunicación con dispositivos inteligentes	Android	iOS Android
Interfaz de usuario	4 botones	6 botones con luz de fondo, útil para depurar y mostrar estado.
Monitor	LCD Matriz, monocromo 100 x 64 píxeles	LCD Matrix, monocromo 178 x 128 píxeles
Comunicación	*Bluetooth* USB 2.0	*Bluetooth* v2.1DER USB 2.0 (Para hablar con el PC) USB 1.1 (para encadenamiento)

Tabla 1.1. Diferencias NXT y EV3

A diferencia del NXT, el EV3 tiene la capacidad de identificar los sensores que se conectan a sus puertos, los accesorios del NXT, son compatibles cien por ciento con el EV3 (el micrófono, el medidor de temperatura, el ultrasónico y el medidor de energía), para utilizarlos con el nuevo software LEGO MINDSTORM EV3 home edition solo es necesario descargarlos de la página oficial e instalarlos.

Los servomotores NXT funcionan perfectamente en el ladrillo EV3 y mediante el software nuevo para el EV3 es posible programar también el NXT, lo que permite el intercambio de accesorios y el reúso, lamentablemente los ladrillos no pueden comunicarse entre sí, ni conectarse mediante "daisy chain", debido a la incompatibilidad en sus sistemas operativos, esperemos que en poco tiempo exista la posibilidad de comunicarlos mediante una interfaz entre ellos.

1.2 CARACTERÍSTICAS DEL EV3

1.2.1 Ladrillo programable

El ladrillo LEGO EV3 soporta el incremento en memoria mediante la ranura de tarjeta SD de hasta 32 GB, sus especificaciones son las siguientes:

▶ Procesador ARM9 a 300 MHz

▶ Memoria Flash de 16 MB, 64 MB RAM,

▶ Almacenamiento externo por medio de mini tarjetas SDHC de hasta 32 GB

▶ Sistema operativo Linux

▶ Puerto USB 2.0 al que se le puede conectar un key wifi

▶ Frecuencia más alta de muestreo de los sensores y entradas: 1000 muestras/seg.

▶ 4 puertos para sensores y 4 puertos para servo-motores

▶ Interfaz de 6 botones, con iluminación trasera, para indicar los posibles estados.

▶ Pantalla de 178 x 128 píxeles de alta resolución

▶ *Bluetooth* interno

▶ Altavoces de alta calidad

▶ Batería de litio 2050 mAh recargable o 6 pilas AA

Figura 1.1. Ladrillo EV3

1.2.2 Servo motor

Se puede utilizar el sensor de rotación integrado (servo motor mediano) junto al servo motor, para sincronizarse con otros servomotores instalados en el robot. Para que funcionen a la velocidad exacta; sus especificaciones son las siguientes:

- Tacómetro de retroalimentación de 1 grado de exactitud
- 160-170 RPM
- Torque de 20 N/cm
- Stall torque 40 N/cm

Figura 1.2. Servomotor EV3

1.2.3 Servo motor mediano

- Tacómetro de retroalimentación de 1 grado de exactitud
- 240-250 RPM

▶ Torque de 8 N/cm
▶ Stall torque de 12 N/cm

Figura 1.3. Motor medio

1.2.4 Sensor de color

Este sensor digital distingue 7 colores, la intensidad de la luz reflejada, así como la intensidad de luz ambiental. Su frecuencia de muestreo es de 1 kHz / seg.

Los tres modos del sensor de color tienen las características siguientes:

▶ El modo color: reconocer los colores blanco, negro, rojo, azul, verde, amarillo y marrón sin color.

▶ El modo de intensidad de luz reflejada: el sensor emite una luz roja y recupera la cantidad que regresa a él en un rango de 0 (muy oscuro) a 100 (muy claro).

▶ Intensidad de luz ambiental: el sensor es capaz de representar en valores numéricos del 0 al 100 la cantidad de luz captada en cualquier entorno.

Figura 1.4. Sensor de color

1.2.5 Sensor de contacto

El sensor de contacto es un sensor análogo que detecta el pulso del botón y puede contar una simple presión o múltiples presiones. Los estados son: presionado, liberado y toque o golpe.

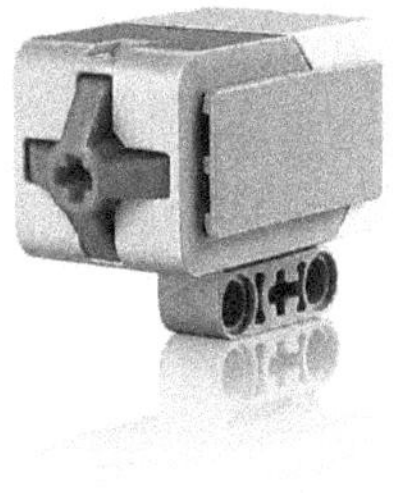

Figura 1.5. Sensor tacto

1.2.6 Sensor infrarrojo

El sensor de infrarrojos es digital, detecta la proximidad del robot respecto al transmisor infrarrojo remoto (baliza) o bien, a algún obstáculo mediante la luz infrarroja, se puede programar de tres modos diferentes;

1. Modo proximidad: el sensor emite ondas de luz que al ser reflejadas obtiene la representación de la distancia entre el objeto que reflejo las ondas y el sensor. La escala que usa va de 0 a 100.

2. Modo baliza: el sensor detectara al transmisor de infrarrojos remoto por medio de las señales enviadas por este siempre que se encuentren en el mismo canal (1 - 4).

3. Modo remoto: el sensor recibe información enviada por el transmisor de infrarrojos remoto que puede corresponder a los botones que contiene este último.

Las especificaciones del sensor infrarrojo son las siguientes:

- Alcance de aproximadamente 50 a 70 cm.
- Alcance desde el transmisor infrarrojo remoto de hasta dos metros.
- Soporta cuatro canales de señal.
- Recibe comandos remotos IR.

Figura 1.6. Sensor infrarrojo

1.2.7 Transmisor de infrarrojos remoto (Baliza)

El transmisor IR remoto puede ser usado para controlar el robot a distancia con el modo remoto, pero su diseño fue creado para trabajar en conjunto con el sensor infrarrojo, sus especificaciones son las siguientes:

▶ Cuatro canales individuales.
▶ Incluye un botón superior para activar/desactivar la transmisión.
▶ LED verde que indica si el transmisor IR remoto está activo.
▶ Autoapagado si la unidad no está en acción durante una hora.
▶ Alcance de hasta dos metros.
▶ Alimentación de 2 baterías AAA.

Los 4 botones pueden ser programados para generar comportamiento.

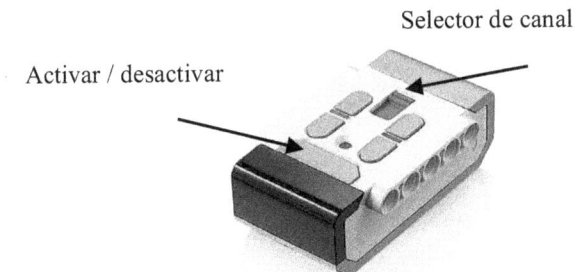

Selector de canal

Activar / desactivar

Figura 1.7. Transmisor de IR remoto

2

PROGRAMANDO CON
LEGO MINDSTORMS EV3

Este capítulo presenta uno de los métodos más amigables, para programar y explorar las capacidades del robot MINDSTORMS de LEGO, el entorno de programación visual LEGO MINDSTORMS EV3. Este software se basa en programación gráfica (G) desarrollada por National Instruments (Compañía creadora de Labview), y ofrece la posibilidad de seleccionar, arrastrar, pegar y conectar bloques que realizan funciones de entrada, salida, matemáticas, control, graficas, etc.

Lo que facilita la obtención de datos desde los sensores del robot y su posterior procesamiento y análisis. Este entorno de programación visual, es recomendable para usuarios que incluso no posean habilidades de programación, y permite, que rápidamente experimenten con aplicaciones en el robot MINDSTORMS de LEGO y sus sensores. Por lo que se recomienda su uso para introducir a jóvenes de nivel medio superior, estudiantes de diversas áreas de la ingeniería, entusiastas de esta área de la ciencia, aficionados y en general para cualquier persona que desee explorar las capacidades del Robot MINDSTORMS.

Las principales habilidades y conceptos que se pueden desarrollar y reforzar mediante LEGO MINDSTORMS EV3 son:

- ▸ El pensamiento científico, durante el análisis y colección de datos.

- ▸ La relación entre causa y efecto mediante secuencias de instrucciones.

- ▸ La construcción de hipótesis mediante herramientas intuitivas.

- ▸ Conciencia mediante experiencias prácticas, del uso de la ciencia y las matemáticas para resolver problemas reales.

▶ Conceptos de monitoreo, prueba y control de eventos.

▶ Manejo de entrada y salida de datos.

▶ Familiarizarse con constantes físicas, unidades de medida, sistemas de coordenadas, promedios, máximos, mínimos, y fórmulas lineales, etc.

En este capítulo, motivados principalmente en que los usuarios de este entorno suelen ser personas, que probablemente se acercan por primera vez a un robot, o a un lenguaje de programación, se prioriza el desarrollo de una serie de pequeños ejercicios sobre sensores y actuadores programados, y al final se presentan algunos proyectos integradores con un mayor grado de complejidad.

Se recomienda al lector, antes de comenzar con esta sección, haber revisado la introducción de este libro, puesto que ahí se muestra una identificación de los elementos de Hardware del robot MINDSTORMS de LEGO, con los que se trabajará. Por último, el apéndice A muestra la configuración e instalación del programa LEGO MINDSTORMS EV3.

A continuación, se explicará mediante proyectos el uso de los bloques de salida (Action), de entrada (Sensor) y también en conjunto con algunos bloques Avanzados (Advanced), bloques de Flujo (Flow) y bloques de Datos (Data). Así como, se ejemplifica la capacidad de programación multitarea, mediante secuencias paralelas implementadas en algunos de los proyectos.

Para ejecutarlos, se sugiere un robot de Lego MINDSTORMS configurado como lo sugiere la página de internet de este libro, o simplemente un servo motor conectado al puerto A (1) del ladrillo EV3.

Se recuerda al lector que la construcción, código y videos de todos los proyectos propuestos en este libro, son descritos en detalle y pueden descargarse desde la página de internet.

En el apéndice A se describe la instalación del software, la actualización del firmware y la manera de conectar el robot para poder descargar los programas.

2.1 ROBOT ENCUENTRA SONIDO

En este proyecto se crea un programa que permite implementar un robot capaz de escuchar un ruido a distancia, y girar en sentido a la intensidad de sonido, para realizarlo haremos uso de dos sensores de sonido de lego mindstorms los cuales pondremos en los costados del ladrillo.

El sensor de sonido indica las lecturas en porcentaje de 0 a 100, los valores que usaremos serán de 50% a 100%, estos valores representan sonidos con cierto grado de intensidad, el lector deberá realizar sus pruebas. También se puede detectar niveles de decibeles en dos modos el dB y el dBa, para esta práctica usaremos el modo dBa ya que este, es para sonidos que el oído humano es capaz de oír,

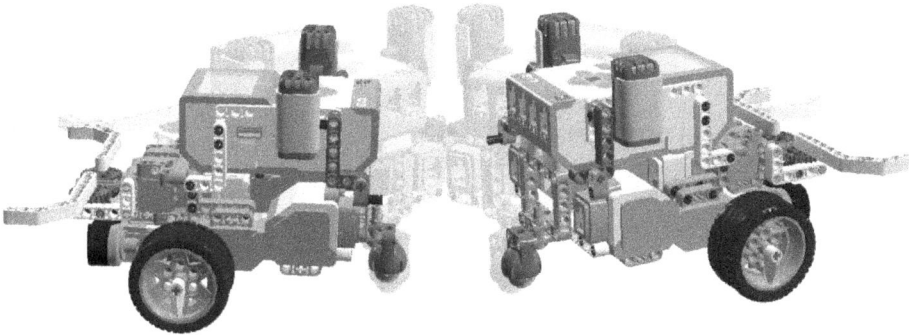

Figura 2.1. Comportamiento del robot

2.1.1 Reglas de comportamiento

El robot se encuentra detenido y sus sensores de sonido están escuchando, una vez que detectan un sonido que se encuentra entre el porcentaje de 50 a 100, compara los valores detectados en el sensor de la izquierda y en el sensor de la derecha, si el sensor de la derecha tiene un porcentaje más alto, el robot girará hacia la derecha, si no entonces girará hacia la izquierda.

2.1.2 Pseudocódigo

```
 1  mientras (verdadero)
 2  Sensor Sonido1 ← encendido
 3  Sensor Sonido2 ← encendido
 4      Si (Sensor Sonido1 < Sensor Sonido2)
 5              motorA ← encendido
 6              motorB ← encendido
 7              girar -180 grados
 8      fin_si
 9      Sino
10          si(Sensor Sonido1 = Sensor Sonido2)
11              motorA ← encendido 75%
```

```
12              motorB ← encendido 75%
13         fin_si
14         Sino
15              motorA ← encendido
16              motorB ←encendido
17              girar 180 grados
18         fin_sino
19      fin_sino
20 fin_mientras
```

2.1.3 Explicación del programa

Inicialmente se crea un bloque loop infinito Figura 2.2 dentro del cual se insertan dos bloques correspondientes al sensor de sonido.

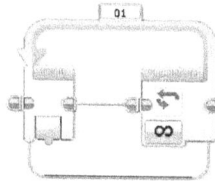

Figura 2.2. Ciclo infinito

En los bloques de sensor de sonido se asigna el puerto en el que estarán conectados, en esta práctica se elige comparar dBa con mayor a 50, lo cual como se mencionó anteriormente, se refiere a sonidos audibles por el oído humano y con una intensidad mayor que 50. La Figura 2.3 muestra los bloques del sensor de sonido, para agregar este bloque en el software consulta el apéndice A.

Figura 2.3. Parámetros del Sensor de sonido

 Para conocer más detalles sobre los bloques utilizados, puede hacer uso de la ayuda en el software LEGO MINDSTROMS EV3 en la barra de herramientas elija ayuda/mostrar ayuda de contexto.

Los bloques siguientes corresponden a pantallas, que son útiles para observar los valores que están tomando los sensores de sonido.

Para ello debemos de asignar el parámetro *texto/pixeles* y sin escribir ningún texto se elige la opción conectado, esto agrega un campo a nuestro bloque que aparece con una letra mayúscula T, en el que conectaremos el valor dBa que provee el sensor de sonido, en la Figura 2.4 se puede apreciar claramente los parámetros de las pantallas.

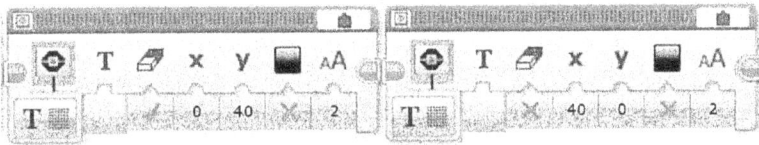

Figura 2.4. Parámetros de pantalla

A continuación, se agrega un bloque interruptor (switch) Figura 2.5 que evalúa el valor del sensor de sonido conectado en el puerto 2, que debe ser mayor que 50, eligiendo, sensor de sonido NXT/comparar/dBa y se repite lo mismo, pero ahora para el puerto 4 que pertenece al sensor de sonido que colocamos del lado izquierdo de nuestro ladrillo.

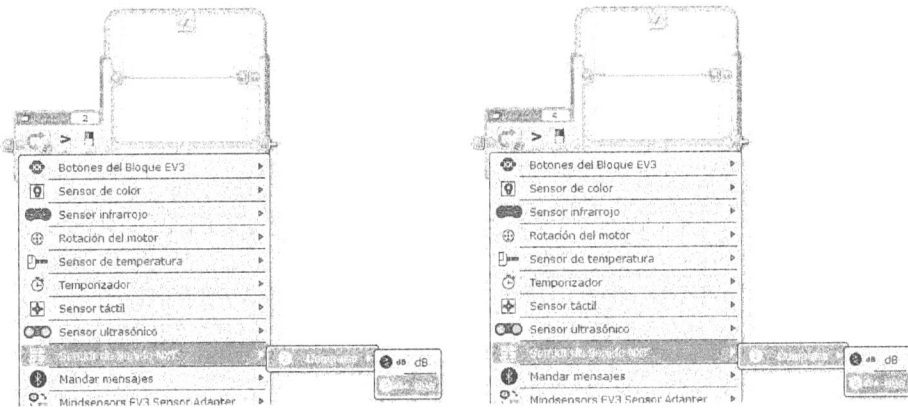

Figura 2.5. Parámetros del bloque switch

Dentro del bloque interruptor (switch) se tienen el caso verdadero y el caso falso, en el caso verdadero se agrega un bloque pantalla que mostrara la palabra DERECHA como se aprecia en la Figura 2.6.

Figura 2.6. Parte verdadera del bloque switch

A continuación, se agrega el bloque *mover dirección* con los motores A+B y se configuran los parámetros *encendido por grados,* para que el robot gire -360 grados con una dirección de -100 a una velocidad de 75 y después se detenga, se incluye un bloque esperar (wait) que sirve para poder visualizar en la pantalla el mensaje por un segundo.

Para el segundo switch los bloques con sus respectivos parámetros quedan como se muestra en la Figura 2.7.

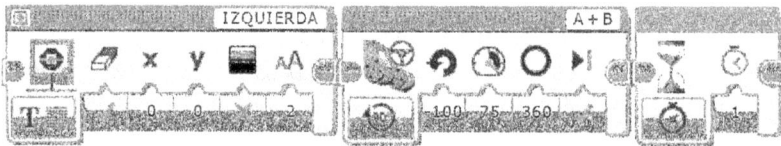

Figura 2.7. Parte verdadera del segundo bloque switch

El programa completo se muestra en la Figura 2.8 en el cual podrá observar las conexiones entre los sensores y los interruptores (switch).

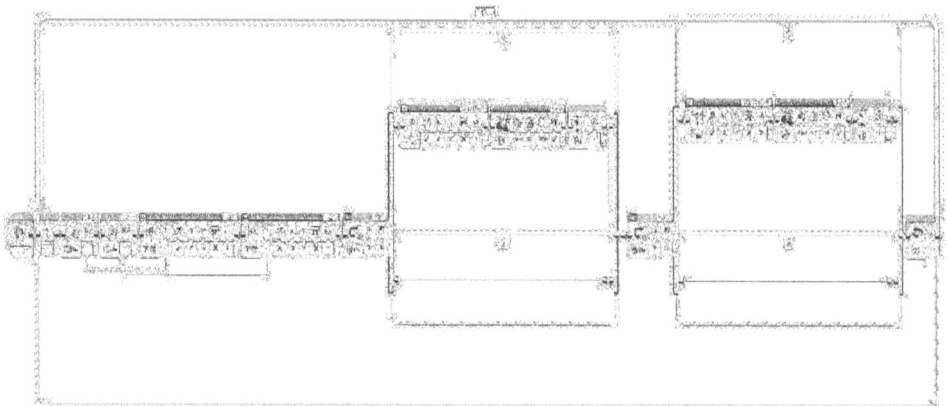

Figura 2.8. Programa completo Robot escucha sonido

2.2 ROBOT SIGUE LÍNEA

En este proyecto se creará un programa que permita implementar un robot capaz de seguir una línea sobre el piso, para que sea posible, se utilizará el sensor de color del lego mindstorms EV3 en modo intensidad de luz reflejada, el cual mide la intensidad de luz reflejada en una escala de 0 a 100 permitiendo diferenciar entre la línea negra y el piso que se considera como blanco.

Para esta práctica el valor del sensor para negro se tomará como 47, se recomienda que el lector realice pruebas para encontrar el valor que corresponda a negro en su entorno, ya que depende de la intensidad de luz. La Figura 2.9 muestra el comportamiento del robot.

2.2.1 Reglas de comportamiento

Si el valor leído por el sensor es menor a 47 entonces corresponde a un color negro, por lo tanto, se enciende el motor A y el motor B se apaga, si no entonces es un color blanco y se enciende el motor B y el motor A se apaga.

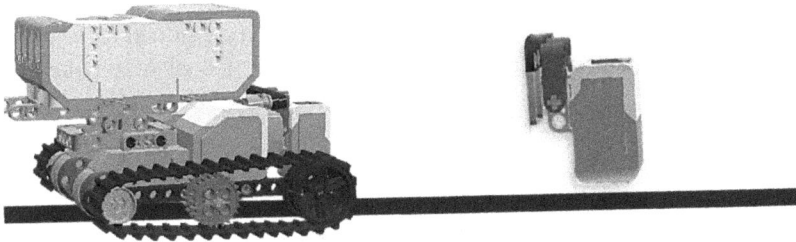

Figura 2.9. Comportamiento del robot

2.2.2 Pseudocódigo

```
1  mientras (verdadero)
2      si (colorSensor < 47) entonces
3          motorA ← encendido
4          motorB ← detener
5          pantalla ← "Negro"
6      sino
7          motorB ← encendido
8          motorA ← detener
```

```
 9          pantalla ← "Blanco"
10     fin_si
11 Fin_mientras
```

2.2.3 Explicación del programa

Se crea un bloque loop (Figura 2.10) que será infinito, adentro se inserta el sensor de color con el parámetro, comparar/intensidad de luz reflejada, asignar en los siguientes parámetros >, el valor 2 y en el siguiente parámetro el valor 37 (Figura 2.11) que representa la intensidad de luz que se espera recibir al estar sobre negro.

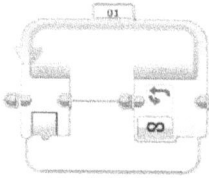

Figura 2.10. Parámetros del LoopT

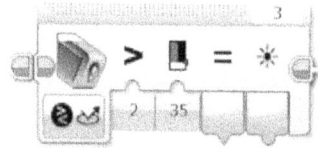

Figura 2.11. Parámetros del Sensor de color

El bloque siguiente es una pantalla (display), podremos elegir una imagen, un texto o una figura geométrica, para esta práctica se ha elegido el texto por defecto MINDSTORMS, el lector puede seleccionar la imagen o el texto que le agrade (Figura 2.12).

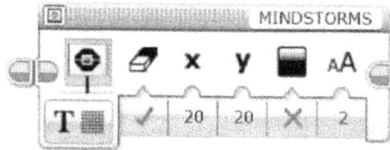

Figura 2.12. Parámetros del Pantalla

Por último se utiliza un bloque switch (Figura 2.13), en este bloque se decidirá si se ejecutan las instrucciones correspondientes a encender el motorA y apagar el motorB, estos bloques implican que se está sobre una superficie negra, o bien, se realizarán los bloques de la parte inferior del switch, estos se refieren a que la lectura de la superficie no es negra y se considera blanca; en esta parte se enciende el motorB y se apaga el motorA, en ambos casos, existe un display que permite mostrar en pantalla la leyenda "Negro" o "Blanco" según corresponda.

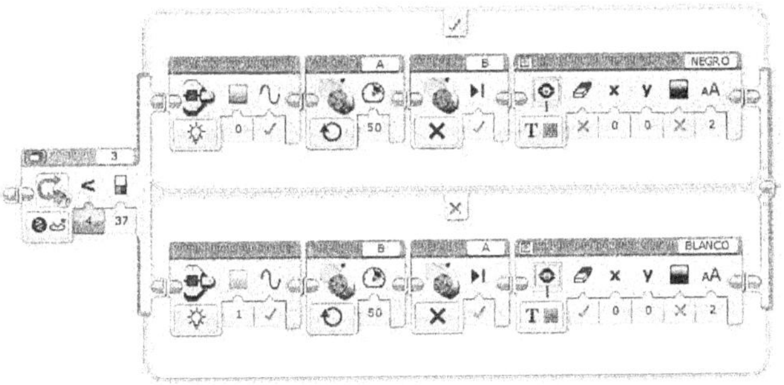

Figura 2.13. Parámetros del bloque switch

El programa completo se muestra en la Figura 2.14

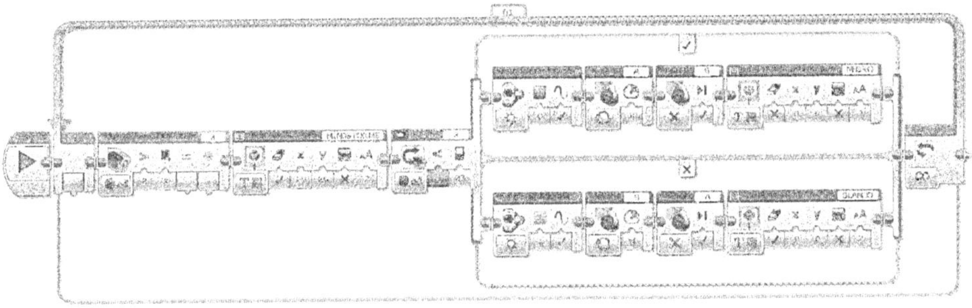

Figura 2.14. Programa Sigue líneas

Otra forma de hacer este programa utilizando operaciones aritméticas y variables se muestra en la Figura 2.15

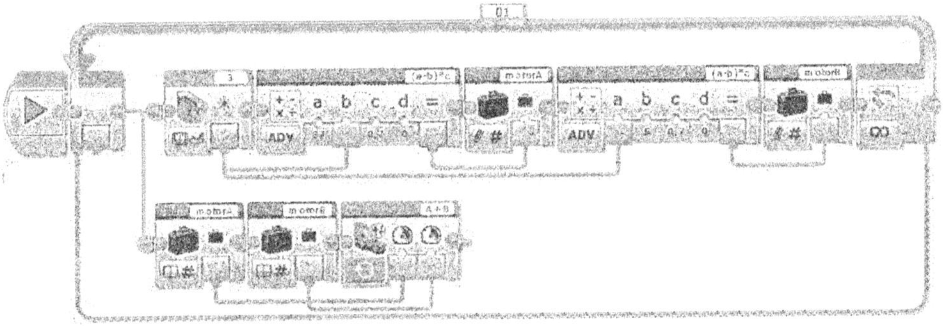

Figura 2.15. Programa sigue líneas con operaciones

Para calibrar el sensor de color puede ir al apéndice A y crear el programa de calibración del apartado A.5 o bien, descargarlo desde la página de internet de este libro.

2.2.4 Simulación en RVW

Haciendo uso de la herramienta virtual de robotC realizaremos la simulación del proyecto sigue línea. Esta herramienta nos da la posibilidad de probar el código generado en un robot virtual, mediante la herramienta Robot Virtual Worlds (RVW).

En esta sección se hace énfasis principalmente en los detalles y configuración de la herramienta RVW.

El entorno de simulación presenta algunas ventajas de implementación en caso de no contar con el robot real.

Para realizar la simulación correctamente cargue el programa en el ladrillo simulador Figura 2.16.

Figura 2.16. Descargue el proyecto en el ladrillo virtual

Posteriormente se debe elegir la pista adecuada en la ventana que se muestra en la Figura 2.17, considere los puntos marcados en el apéndice A.

Recuerde elegir el robot que tenga las características necesarias para realizar la práctica, y conectar los sensores en los puertos correctos.

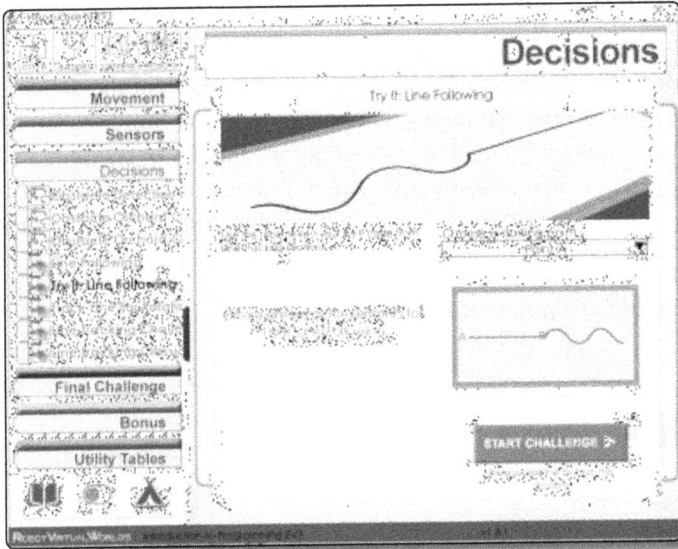

Figura 2.17. Pista para realizar la simulación

En la Figura 2.18 se observa el comportamiento del robot seleccionado, el lector es libre de realizar modificaciones a la práctica para observar la simulación y generar comportamientos diferentes.

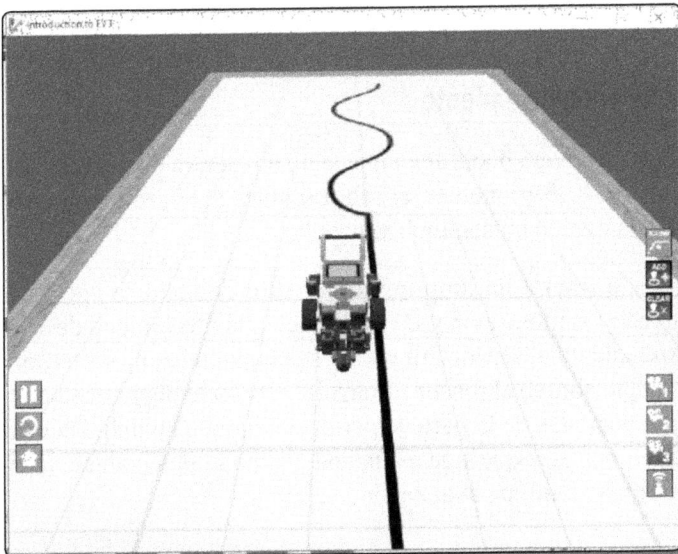

Figura 2.18. Simulación de proyecto sigue líneas

2.3 ROBOT EXPLORADOR

En este proyecto se implementará un robot explorador, tendrá el objetivo de desplazarse por el lugar en donde se encuentre. Para realizarlo, el robot primero avanza y revisa si hay objetos cerca de él, si no existen obstáculos adelante de él sigue avanzando, pero si encuentra algo a una distancia menor que 40 centímetros se detiene por un segundo, retrocede a una velocidad media por dos segundos y gira 40 grados hacia la derecha, y tras realizar esto sigue avanzando.

La Figura 2.19 muestra el comportamiento del robot.

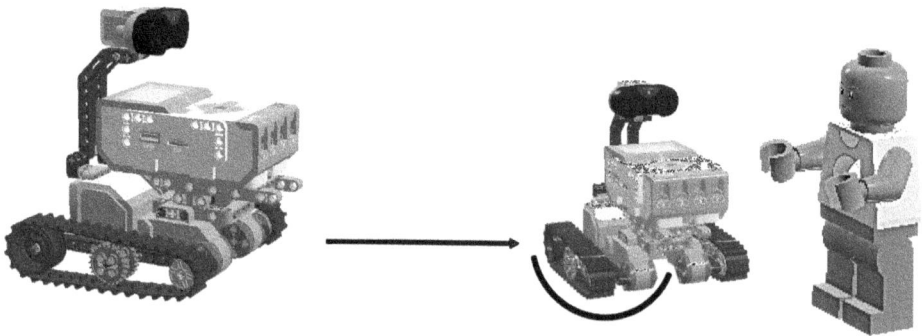

Figura 2.19. Comportamiento del robot explorador

2.3.1 Reglas de comportamiento

El robot se moverá hacia adelante, si no encuentra obstáculos al frente, a una distancia menor de 40 centímetros, el robot seguirá avanzando, en otro caso girará 40 grados hacia la derecha y seguirá avanzando.

Primero se inserta un loop infinito, dentro del cual se agrega el bloque de motor y se asignan los motores A y B con avance a una velocidad de 75, se agrega el bloque correspondiente al sensor infrarrojo, se detienen los motores por un segundo y se compara lo que obtuvo el sensor infrarrojo, si detecto algún obstáculo al frente se realizan las instrucciones de la parte superior del bloque switch, las cuales cambian la dirección del robot para que siga avanzando, si no se detectan obstáculos al frente en 40 centímetros se continua avanzando.

2.3.2 Pseudocódigo

```
1   mientras (verdadero)
2       motorA ← encendido
3       motorB ← encendido
4       SensorInfrarrojo ← encendido
5       si (sensorInfrarrojo < 40)
6               motorA ← encendido a -75
7               motorB ← encendido a -30
8       sino
9               motorA y motorB ← encendidos
10      fin_si
11 Fin_mientras
```

2.3.3 Explicación del programa

Se inicia creando un loop infinito que estará repitiendo los bloques siguientes, para efectos de expresión en la pantalla de nuestro robot se usará la leyenda por defecto, si el lector lo prefiere puede hacer uso de las imágenes de ojos, que trae el ladrillo por defecto.

El lector podrá elegir la imagen que desea mostrar. Se encienden los motores A y B con velocidad de 75, se activa el sensor infrarrojo para detectar objetos cerca de él, y si existe algún obstáculo u objeto al frente, procede a girar hacia la derecha y continúa avanzando. La Figura 2.20 muestra el programa del comportamiento del robot.

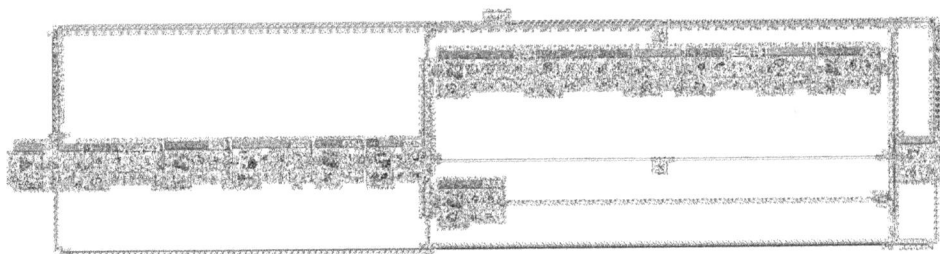

Figura 2.20. Programa robot explorador

Se crea el loop infinito como se muestra en la Figura 2.21 dentro del cual se insertarán las instrucciones para que el robot se mueva y evada objetos con los que podría chocar.

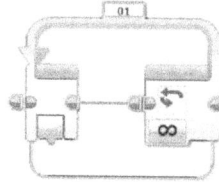

Figura 2.21. Parámetros del Loop

Para los servomotores se elige el icono de mover la dirección, y se asignan los motores A + B con una velocidad constante de 75 como se muestra en la Figura 2.22.

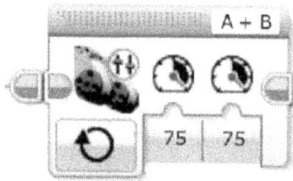

Figura 2.22. Parámetros de motores A,B

El sensor infrarrojo se programa con los valores en los parámetros sensor infrarrojo- comparar- distancia en centímetros, mayor que 40 centímetros, como se muestra en la Figura 2.23.

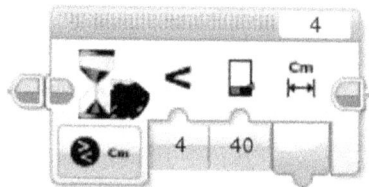

Figura 2.23. Parámetros del sensor infrarrojo

Por último, se utiliza un bloque switch (Figura 2.24), que decidirá si se ejecutan las instrucciones correspondientes a girar el robot hacia la izquierda asignando al motor A una velocidad de -75 y al motorB una velocidad de -30 por dos segundos, emitirá un sonido, se detiene por un segundo, cambia la imagen de la pantalla y enciende motores A y B a una velocidad constante de 75.

En caso de que el sensor infrarrojo no detecte objetos a una distancia menor de 40 centímetros, el robot seguirá avanzando en la misma dirección a una velocidad constante de 75.

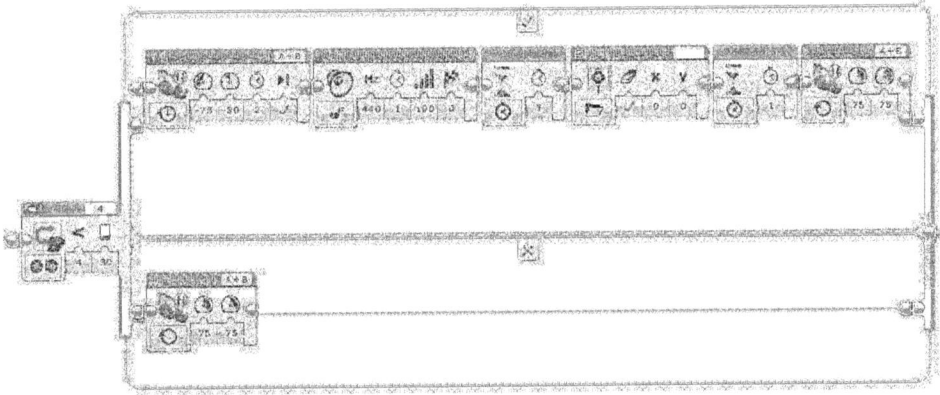

Figura 2.24. Bloque switch

2.3.4 Simulación en RVW

La simulación para este proyecto de robot explorador necesita unas ligeras modificaciones al programa realizado en la Figura 2.20, para que funcione correctamente.

Primeramente, es necesario cambiar los motores A y B por B y C, el switch de la Figura 2.24 utiliza el sensor infrarrojo, el cual se cambia por el sensor infrarrojo, dejando los mismos parámetros. La Figura 2.25 muestra la simulación desde dos perspectivas diferentes.

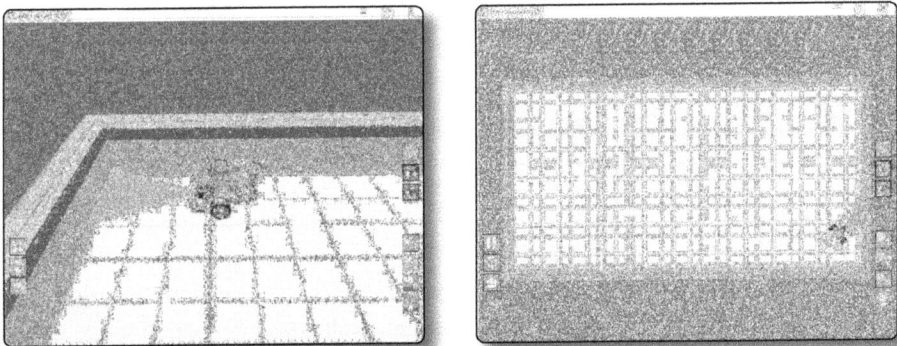

Figura 2.25. Simulación de robot explorador

2.4 ROBOT INTERPRETA SEMÁFORO

En este proyecto se creará un programa que permita implementar un robot capaz de avanzar de manera continua hacia adelante, cuando detecte un color verde en una línea sobre el piso o bien si el color verde está frente a él, una vez que el sensor detecta el color rojo deberá detenerse. La Figura 2.26 muestra el comportamiento del robot usando una línea.

Figura 2.26. Comportamiento del robot semáforo con línea

La Figura 2.27 muestra el comportamiento del robot usando una señal al frente asemejando una señal de tránsito, el sensor deberá en este caso apuntar al frente.

Figura 2.27. Comportamiento del robot semáforo con señal al frente

2.4.1 Reglas de comportamiento

El robot comenzará con obtener información del sensor de color, si se detecta el color rojo el robot deberá permanecer en stop y si detecta el color verde o la ausencia de color, el robot deberá avanzar hacia el frente, el ciclo (loop) termina cuando se presiona el botón central del ladrillo.

2.4.2 Pseudocódigo

```
1   mientras (verdadero)
2   inicio
3      si ( colorSensor =  5)      % el número 5 se refiere al color rojo
4         motorA ← detener
5         motorB ← detener
6      Sino  si ( colorSensor = 3)        % el 3 corresponde al color verde
7            motorA ← encendido
8            motorB ← encendido
9         Sino
10            motorA y motorB ← encendido
11     fin_si
12  Fin_mientras
```

2.4.3 Explicación del programa

Se crea un bloque *loop* o ciclo (Figura 2.28) que se detendrá cuando presionemos el botón central de ladrillo EV3, con los parámetros botones del bloque EV3- comparar, elegimos el botón central y que este presionado.

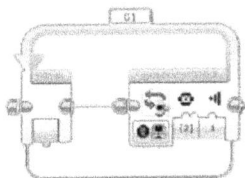

Figura 2.28. Parámetros del bloque loop

Dentro del loop, el bloque siguiente es un switch, donde se asignan los parámetros *sensor de color - comparar – color*, asignando el color 5 equivalente al rojo. (Figura 2.29).

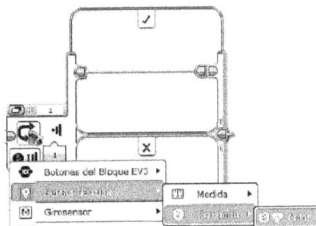

Figura 2.29. Parámetros del bloque switch

Dentro del bloque switch en la parte verdadera, se agrega el bloque de mover tanque (Figura 2.30) con los parámetros *apagado* y *detener al final: verdadero*.

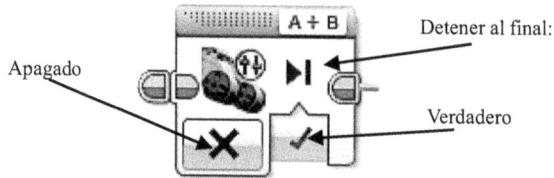

Figura 2.30. Parámetros motores apagados

Para finalizar, en la parte inferior de nuestro interruptor (switch) se agrega otra instrucción interruptor (switch) que permita seleccionar el color verde para que solo en ese caso el robot avance. Figura 2.31.

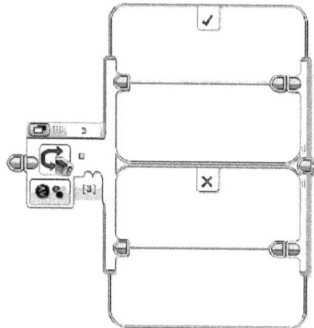

Figura 2.31. Parámetros del segundo switch

En este segundo interruptor (switch) agregamos el bloque mover tanque para encender los motores con los parámetros encendido a velocidad 75 (Figura 2.32)

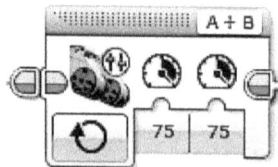

Figura 2.32. Parámetros mover tanque

El programa completo se muestra en la Figura 2.33.

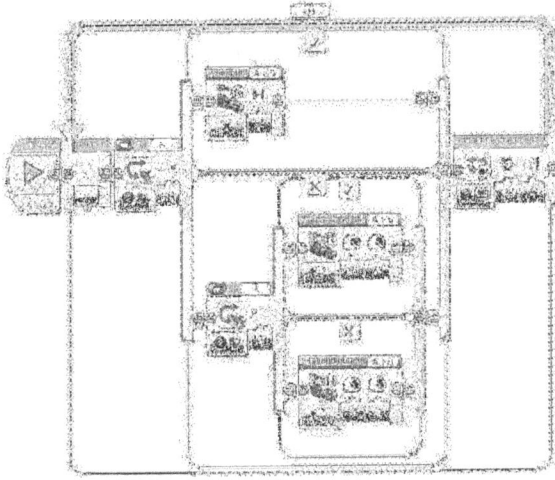

Figura 2.33. Programa robot interpreta semáforo

2.4.4 Simulación en RVW

Para la simulación en el Robot Virtual Worlds realizaremos algunas modificaciones al programa anterior de semáforo en el que se agregará un bloque mover tanque con velocidad de 20, usando los motores B y C por un tiempo de 2 segundos, esto para que el robot se mueva hacia adelante, el sensor de color pueda efectuar la lectura e inicie la decisión de continuar o detenerse, para este ejemplo usamos un ciclo infinito. La Figura 2.34 muestra el programa final

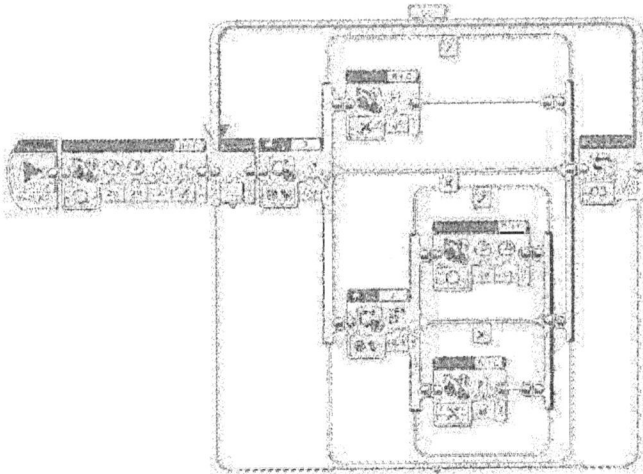

Figura 2.34. Programa semáforo modificado para RVW

Una vez que el programa se encuentre actualizado, se descarga en el ladrillo virtual para su ejecución, deberá seleccionar el robot con las características necesarias para realizar correctamente la simulación, el robot que se adapta a está práctica es el EV3- Color Font. La Figura 2.35 muestra la elección.

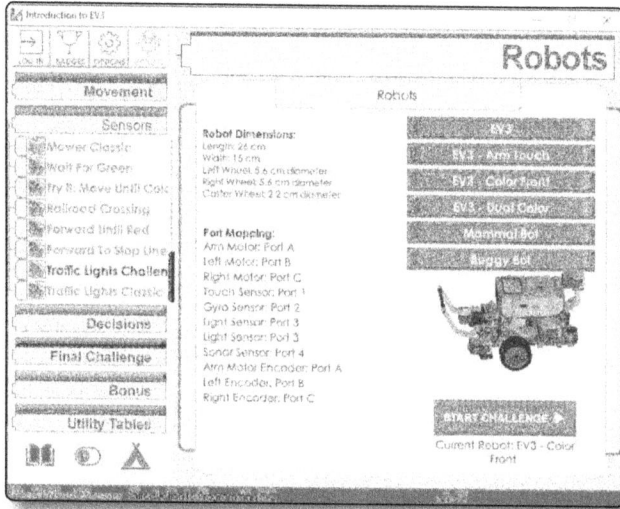

Figura 2.35. Elección del robot correcto en el simulador

La pista adecuada es la que se muestra en la Figura 2.36 *llamada traffic ligths challenger.*

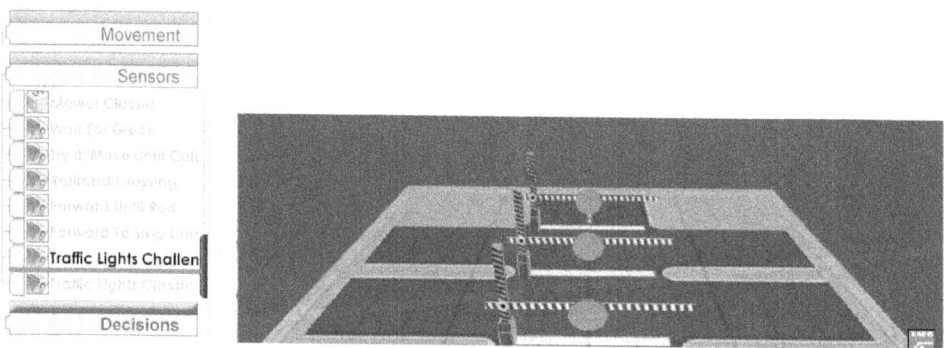

Figura 2.36. Pista traffic ligths challenger para realizar simulación

Por último, la Figura 2.37 muestra la simulación del proyecto, el lector puede modificar los parámetros o agregar comportamiento nuevo en el programa.

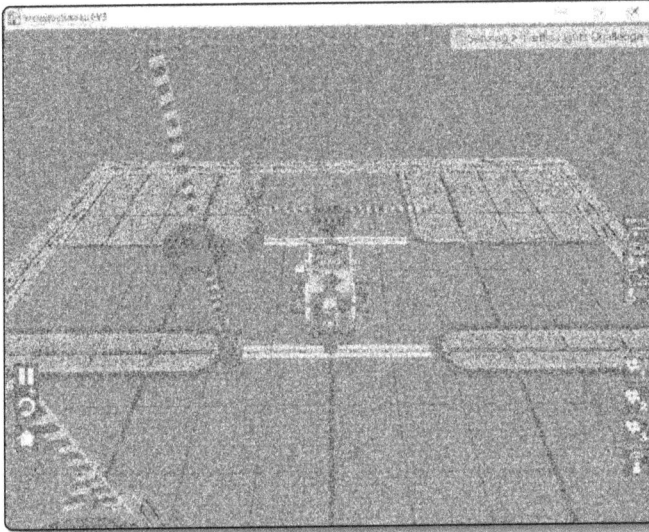

Figura 2.37. Imagen de la simulación del programa semáforo

2.5 ROBOT SÍGUEME

En este proyecto se crea un robot capaz de seguir al transmisor IR remoto (baliza), buscando inicialmente la dirección en la que se encuentra, una vez que detecta la dirección de este, avanza en ese sentido, permitiendo girar en conjunto con el transmisor IR remoto si se mueve de lugar, hasta obtener una distancia menor a 40 cm entre el robot y el transmisor IR remoto. Para ello utilizaremos el sensor infrarrojo y el transmisor IR remoto.

La Figura 2.38 muestra el comportamiento del robot.

Figura 2.38. Comportamiento del robot

2.5.1 Reglas de comportamiento

El robot iniciará buscando la orientación del transmisor IR remoto, girando hacia la derecha o izquierda dependiendo de la dirección en la que se encuentra, si el transmisor IR remoto se mueve alrededor del robot, este gira hacia donde se mueva, lo cual se consigue comparando los valores que regresa el sensor infrarrojo, si estos valores son negativos, significa que se encuentra hacia la derecha del robot, si los valores son positivos se encuentra hacia la izquierda.

Una vez que se encuentra la orientación, lo cual equivale a que el valor que retorna el sensor infrarrojo se encuentre entre -5 y 5 se compara la distancia entre el robot y el transmisor IR remoto, si es mayor que 50 cm se encienden los motores y el robot avanza hacia el frente. Si la distancia es menor o igual a 50 cm los motores permanecen apagados.

2.5.2 Pseudocódigo

```
1   Subprograma ángulo
2       mientras ( falso )
3       si (sensor infrarrojo > 0)
4           si (sensor infrarrojo = 5)
5               motorA , motorB ← detener
6               bool ← verdadero
7           Sino
8               si(sensor infrarrojo > 5)
9                       motorA, motorB ← encendidos a 50
10                      ángulo ← 25
11                      dirección ← -100
12              sino
13                      motorA, motorB ← encendido a 50
14                      ángulo ← -25
15                      dirección ← -100
16              fin_si
17                  bool ← falso
18          fin_si
19      sino
20          si(sensor infrarrojo >= -5)
21                  motorA , motorB ← detener
22                  bool ← verdadero
23          sino
24                  motorA, motorB ← encendido a 50
25                  ángulo ← -25
26                  dirección ← -100
```

```
27                      bool ← falso
28          fin_si
29      Fin_mientras
30  Fin_ángulo
31
32  Subprograma sígueme
33      mientras (sensor infrarrojo < 40)
34      leer valor sensor infrarrojo
35  si (sensor infrarrojo > 40)
36  motorA, motorB ← encendido a 75
37      sino
38              motorA, motorB ← detener
39      Fin_mientras
40  Fin_sígueme
41
42  Principal
43      mientras (verdadero)
44          si (ángulo  = verdadero)
45                  sígueme
46      Fin_mientras
47  Fin_principal
```

2.5.3 Explicación del programa

Para esta práctica creamos subprogramas o bloques, Figura 2.39. Comenzamos con el subprograma Ángulo, inicialmente insertaremos un ciclo (loop) lógico en el que asignaremos el valor de falso, a este bloque le llamaremos ángulo.

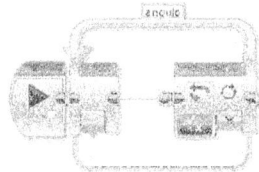

Figura 2.39. Ciclo lógico subprograma ángulo

Dentro del ciclo, insertar un bloque sensor infrarrojo y 2 pantallas que serán útiles para observar los valores que entrega el sensor infrarrojo. Estos bloques se pueden omitir (pantallas). La Figura 2.40 muestra sus propiedades y las conexiones entre ellos.

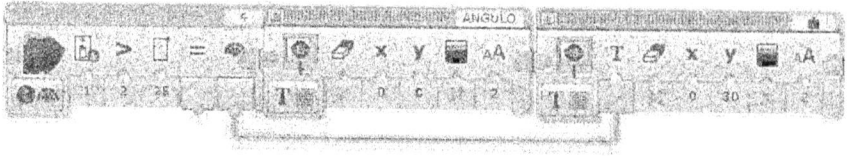

Figura 2.40. Bloques para mostrar los valores del sensor en pantalla

Inserte un bloque interruptor (switch) que evalué los valores del sensor infrarrojo, asignando a las propiedades, Sensor *infrarrojo/comparar/orientación de baliza* como se muestra en la Figura 2.41 en el campo (1) deberá indicar el canal por medio del cual se comunica el sensor infrarrojo con el transmisor IR remoto (1 a 4), en campo (2) es la comparación en este caso mayor que, el campo (3) es el valor que se toma como referencia para evaluar los valores que retorna el sensor infrarrojo.

El canal que se elige en el interruptor (switch) deberá ser elmismo en el transmisor IR remoto.

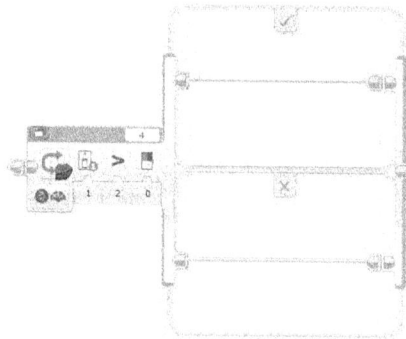

Figura 2.41. Propiedades interruptor

Para el interruptor de la Figura 2.41 en el caso falso se inserta otro bloque interruptor (switch) que compara el valor del sensor infrarrojo menor o igual a 5. Para el caso verdadero de este (parte superior) se agrega un bloque mover dirección en el que los motores permanecerán apagados, se crea una variable bool con el valor verdadero.

En el caso falso se inserta otro interruptor, pero ahora con la comparación mayor que 5, cuando se cumple la condición, los motores tendrán dirección de -100 velocidad de 50 y un giro de 25 grados.

En caso de que el valor sea menor o bien, la condición sea falsa, los motores tendrán una dirección de -100, velocidad de 50 y giro de -25 grados, lo cual implica girar hacia la izquierda o derecha respectivamente.

Al salir del interruptor mayor que 5 se agrega una variable lógica con el valor de falso. La Figura 2.42 muestra lo descrito anteriormente.

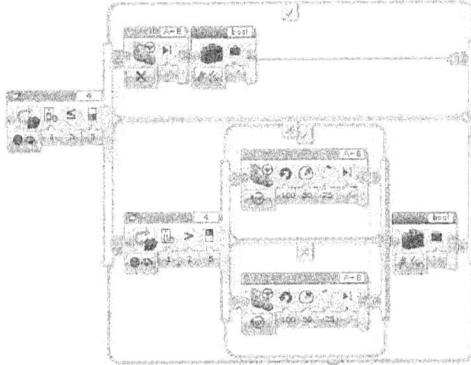

Figura 2.42. Interruptor correspondiente al caso verdadero

Para el caso falso del interruptor de la Figura 2.41 se agrega el bloque interruptor con las propiedades, *sensor infrarrojo/comparar/orientación de la baliza*, canal 1, mayor o igual a -5. En el caso verdadero se insertan los bloques, mover dirección con el valor apagado, variable *bool* con el valor de verdadero.

En el caso falso de este interruptor se agregan los bloques mover dirección con los parámetros, encendido por grados, dirección -100, velocidad 50, giro -25 grados, se inserta la variable *bool* con valor falso. La Figura 2.43 muestra los parámetros de los bloques.

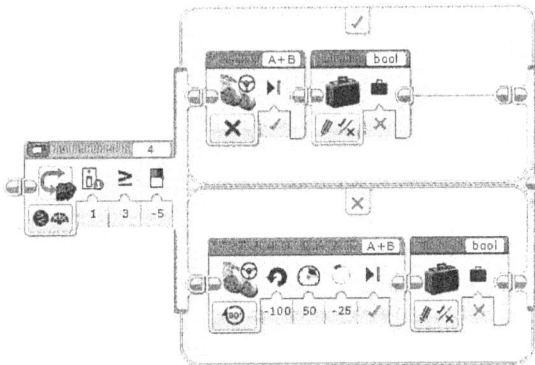

Figura 2.43. Propiedades del interruptor perteneciente al caso falso

Por último, se agrega la variable bool con el parámetro de lectura y se conecta con nuestro ciclo inicial, esto hará que el ciclo termine si el valor de bool es falso, o que continúe si es verdadero. Ahora, ya tenemos completo el programa y procedemos a crear el subprograma. La Figura 2.44 muestra el subprograma completo.

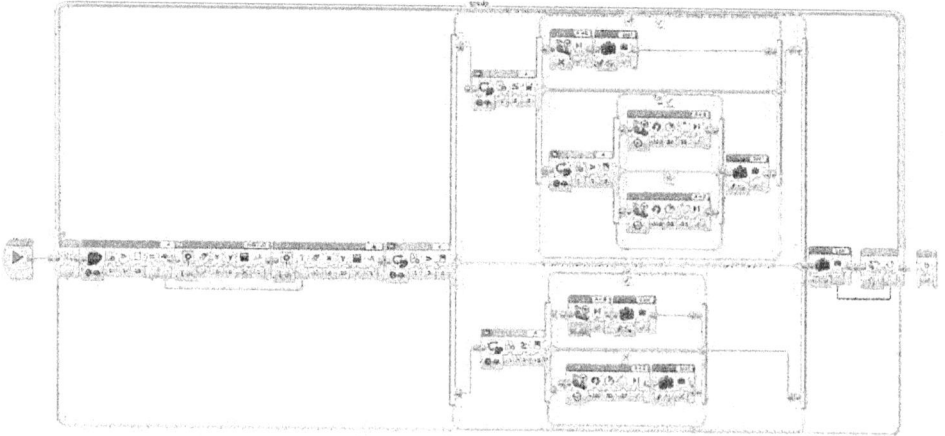

Figura 2.44. Programa completo para encontrar la orientación del transmisor IR remoto

Para crear un subprograma se seleccionan los bloques que desea que pertenezcan al bloque nuevo y en el menú de opciones debe elegir *Herramientas/construcción de mi bloque* y aparecerá la pantalla que se muestra en la Figura 2.45 a) donde se escribe el nombre y una breve descripción, se puede seleccionar el icono, ya que estamos creando un bloque nuevo, también puede seleccionar los parámetros de entrada o de salida y el icono correspondiente a cada parámetro. En esta ocasión agregaremos un parámetro de salida de tipo lógico como se muestra en la Figura 2.45 en el inciso b).

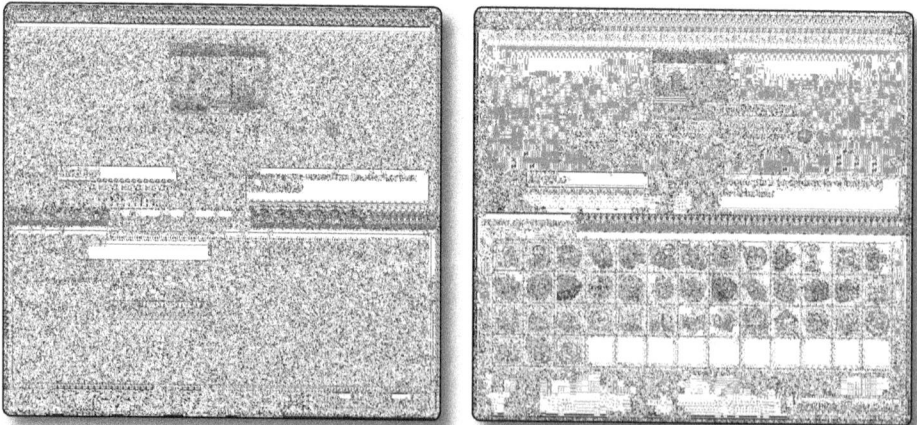

Figura 2.45. Creación de mi bloque a) datos generales b) Parámetro de salida

Al terminar, se genera automáticamente un programa como se muestra en la Figura 2.46 inciso a) y en el apartado mis bloques, aparece el icono de los bloques creados en nuestro proyecto. Figura 2.46 inciso b).

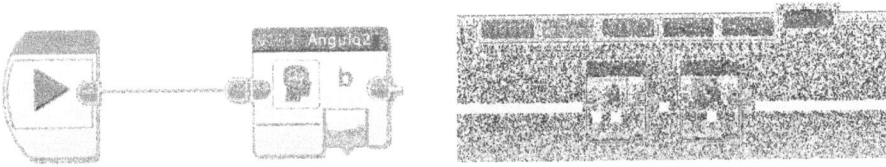

Figura 2.46. Creación de mi bloque a) Programa b) nuevo bloque reutilizable

Se crea el subprograma o bloque sígueme (Figura 2.47), en un archivo de programa nuevo, dentro del mismo proyecto, insertamos un bloque ciclo (loop) con las propiedades *sensor infrarrojo/ proximidad baliza*, menor que 40 centímetros.

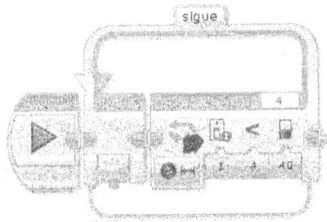

Figura 2.47. Ciclo que evalúa la distancia entre el sensor infrarrojo y el transmisor IR remoto

Dentro del ciclo sigue, se insertan los bloques sensor infrarrojo con los parámetros *comparar / proximidad de la baliza* se elige el canal 1, mayor que 40 cm, se agregan 2 pantallas que serán utilizadas para mostrar en la pantalla del EV3 la distancia que marca el sensor infrarrojo hacia el transmisor IR remoto (Figura 2.48). Estos 2 bloques se pueden omitir si el lector considera necesario.

Figura 2.48. Bloques para mostrar distancia del transmisor IR remoto en pantalla

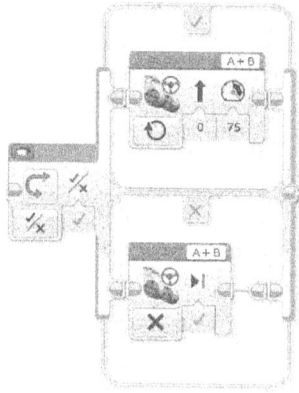

Figura 2.49. Propiedades interruptor para bloque sígueme

Posteriormente se agrega un bloque interruptor (switch) lógico, que recibe su valor del sensor infrarrojo, en el caso verdadero se inserta un bloque mover la dirección con los parámetros *encendido, dirección 0 y velocidad 75*. En el caso falso se agrega un bloque mover dirección con el parámetro *detenido,* como se muestra en la Figura 2.49.

En programa terminado sígueme se muestra en la Figura 2.50

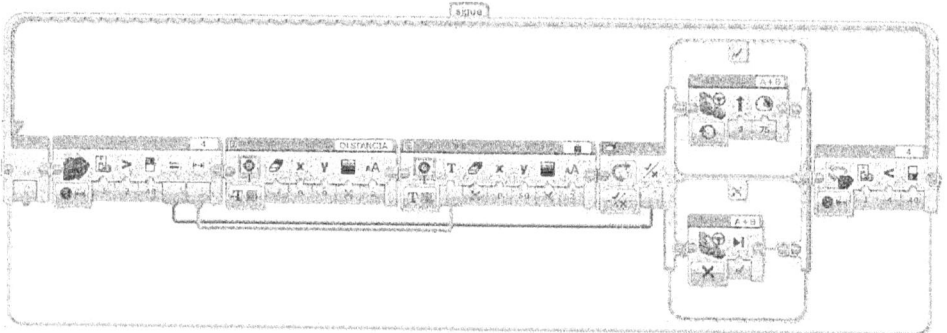

Figura 2.50. Programa completo

Se crea un bloque nuevo con el programa de la Figura 2.50, para ello se selecciona el ciclo sigue y se elige en el menú de opciones *Herramientas / constructor de mi bloque*, Figura 2.51, elegir el icono, asignar nombre y una breve descripción del bloque, en este caso no se agregan parámetros.

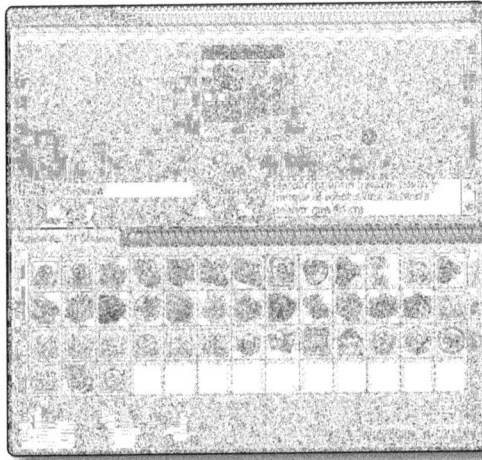

Figura 2.51. Parámetros del bloque nuevo llamado sígueme

Al terminar nos genera un programa como se muestra en la Figura 2.52 inciso a) y en apartado mis bloques, aparece el icono de los bloques creados en nuestro proyecto. Figura 2.52 inciso b).

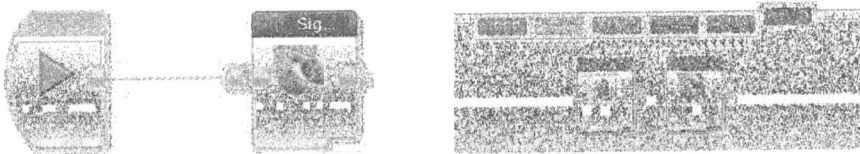

Figura 2.52. Creación de mi bloque a) Programa b) Nuevo bloque reutilizable

Por último, se crea otro programa dentro del mismo proyecto al que llamaremos main, este es el programa que se ejecutará en el robot para que genere el comportamiento deseado.

En un archivo nuevo creamos un bloque ciclo (loop) infinito, dentro se incluye el bloque ángulo que creamos anteriormente, se agrega un interruptor (switch) lógico con el valor falso, el parámetro del bloque ángulo estará conectado con el interruptor como se muestra en la Figura 2.53, en el caso falso del interruptor se agrega el bloque sígueme que acabamos de crear, con eso tenemos nuestro proyecto terminado. Ahora solo se descarga en el EV3 para probarlo.

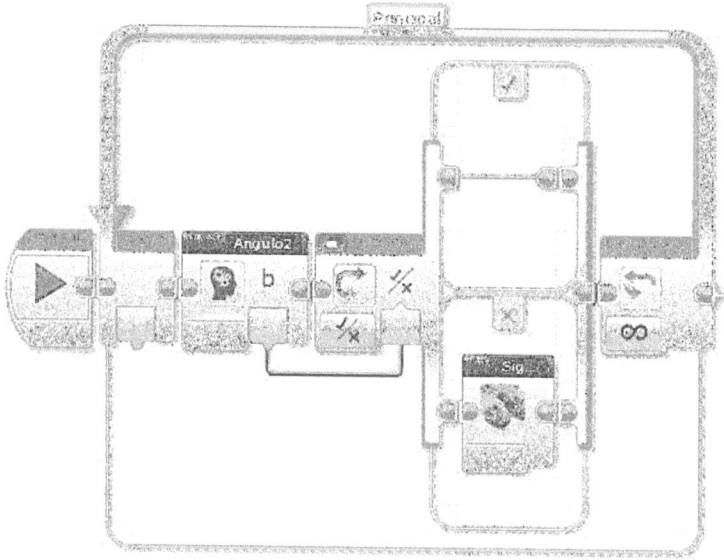

Figura 2.53. Programa Principal

2.6 ROBOT COMANDADO POR TRANSMISOR IR REMOTO

En este proyecto usaremos el transmisor IR remoto como control para mover el robot en las direcciones, adelante, atrás, izquierda, derecha, terminar ejecución del programa y combinaciones de teclas. Para controlar el robot usaremos el sensor infrarrojo y el transmisor IR remoto como lo muestra la Figura 2.54

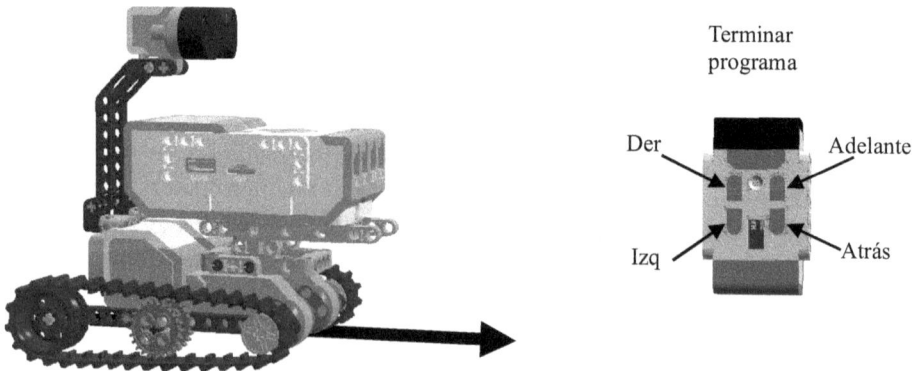

Figura 2.54. Comportamiento de robot comandado por transmisor IR remoto

2.6.1 Reglas de comportamiento

El robot iniciara en modo detenido, en espera de que se presione algún botón del transmisor IR remoto, si se presiona el botón adelante, el robot se moverá el tiempo que el botón se encuentre presionado a una velocidad constante de 100.

Si se presiona el botón atrás, el robot se moverá en reversa con la misma velocidad, si se presiona el botón derecha el robot girará en esa dirección, si se presiona el botón izquierdo el robot gira hacia ese sentido.

Si se presionan los botones adelante-derecha, los motores A y B giran, pero con velocidades diferentes, el motor B llevará una velocidad de 100 mientras que el motor A llevará velocidad de 50, los valores se invierten para el caso en el que se presionen los botones adelante-izquierda.

Si se presionan los botones atrás-derecha, los motores girarán en sentido contrario, el motor A llevará una velocidad de -100, el motor B tendrá velocidad de -50. Para cuando se presionan los botones atrás-izquierda será motor A -50 y motor B -100. Si se presiona el botón superior el programa terminara.

2.6.2 Pseudocódigo

```
1   mientras (IR_remoto != botón superior)
2       si (IR_remoto = adelante)
3             motorA ,motorB ← 100
4       fin_si
5       si( IR_remoto = izquierda)
6             motorA, motorB ← 100
7             giro ← 100
8       fin_si
9       si( IR_remoto = atrás)
10            motorA, motorB ← -100
11      fin_si
12      si( IR_remoto = derecha)
13            motorA, motorB ←  100
14            giro ← -100
15      fin_si
16      si( IR_remoto = adelante-derecha)
17            motorA ← 50
18            motorB ← 100
19      fin_si
20      si( IR_remoto = adelante-izquierda)
21            motorA ←  100
```

```
22              motorB ← 50
23      fin_si
24      si( IR_remoto = atrás-izquierda)
25              motorA ← -100
26              motorB ← -50
27      fin_si
28      si( IR_remoto = atrás-derecha)
29              motorA ← -50
30              motorB ← -100
31      fin_si
32      si(IR_remoto = botón superior )
33              terminar programa
34      fin_si
35      si( IR_remoto = ningún botón presionado)
36              motorA ← detener
37              motorB ← detener
38      fin_si
39 Fin_mientras
```

2.6.3 Explicación del programa

Iniciamos creando un bloque bucle o ciclo que asignaremos las propiedades *Sensor infrarrojo /comparar /remoto*, asignamos el canal 4 para la comunicación con el transmisor IR remoto y el ciclo terminará cuando se presiona el botón superior del transmisor IR remoto, como se muestra en la Figura 2.55

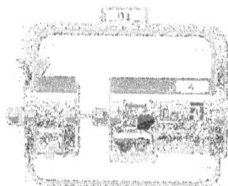

Figura 2.55. Ciclo inicial

Dentro del ciclo asignamos un interruptor o switch que nos ayudará a generar un comportamiento, al presionar los diferentes botones que se tienen en el transmisor IR remoto. La Figura 2.56 a) muestra cómo estará estructurado el bloque, en el que se elige el sensor *infrarrojo /medida/remoto*, y para cada caso se va eligiendo el botón correspondiente que genera el comportamiento.

La Figura 2.56 b) muestra los casos en lo que se puede observar en rojo el botón que al ser presionado hace que se muevan los motores.

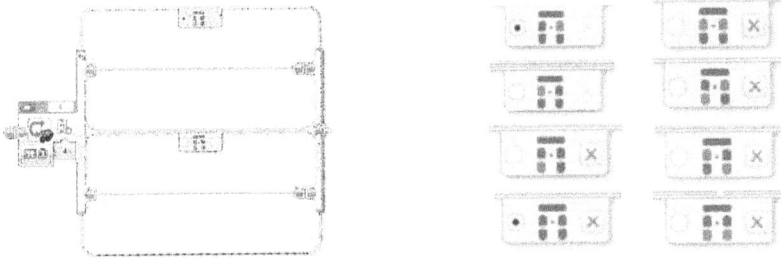

Figura 2.56. a) Interruptor para comportamiento del transmisor IR remoto b) Casos correspondientes a los botones que moverán los motores del robot.

Para que el funcionamiento sea el esperado, asegúrese de que el motor A se encuentre del lado derecho del robot y el motor B en el lado izquierdo.

Para cada caso tenemos un parámetro diferente en los motores, se agrega un bloque de sonido para animar el movimiento.

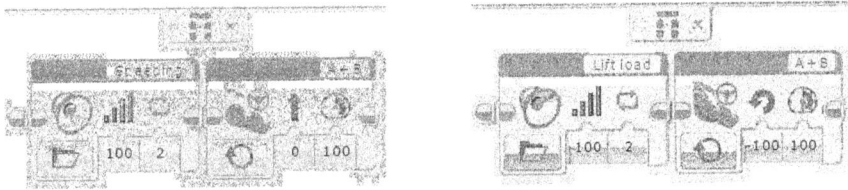

Figura 2.57. a) Movimiento hacia el frente b) Giro a la derecha.

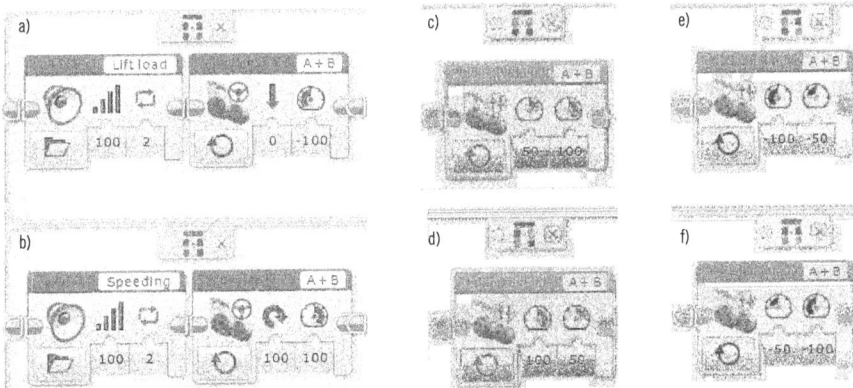

Figura 2.58. a) Reversa. b) Giro a la izquierda. c) Avanza con giro a la derecha. d) Avanza con giro a la izquierda. e) Reversa con giro a la derecha. f) Reversa con giro a la izquierda.

Una vez creadas todas las opciones, se puede seleccionar el caso que se asignará por defecto, para nuestro programa asignaremos como caso por defecto cuando no se ha presionado ningún botón, por tanto, los motores se encuentran detenidos. Para seleccionar el caso, solo debe seleccionarlo en el switch como se muestra en la Figura 2.59 donde se aprecia el programa final completo.

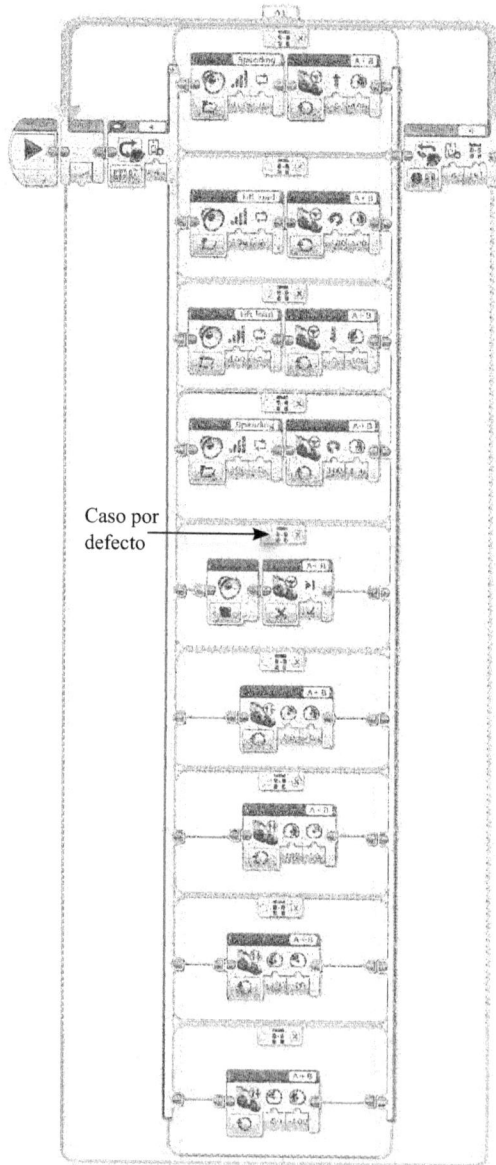

Figura 2.59. Programa completo

2.7 ROBOT DE ACELERACIÓN GRADUAL

Para este proyecto se utilizarán dos sensores táctiles para controlar y mantener la velocidad del robot, un sensor aumentará la velocidad de manera gradual en un 10% hasta llegar a 100 y el segundo botón la disminuye en el mismo porcentaje hasta llegar a -100. Haremos uso del sensor infrarrojo para evadir obstáculos que se encuentran al frente del robot a una distancia menor de 30 centímetros.

La Figura 2.60 muestra el comportamiento del robot.

Figura 2.60. Comportamiento del robot

2.7.1 Reglas de comportamiento

El robot estará en modo detener, en pantalla aparece la leyenda Velocidad y debajo 0, los sensores de tacto estarán conectados en los puertos 1 y 2, el sensor de la derecha (puerto 1) corresponde al acelerador y el sensor de la izquierda (puerto 2) corresponde al desacelerador, una vez que se presiona el sensor de tacto correspondiente al acelerador los motores se encienden con una velocidad de 10 y aumenta en múltiplos cada vez que se presiona, lo mismo sucede con el desacelerador, disminuye la velocidad en 10 cada vez que se presiona, en la pantalla aparecerá en todo momento la velocidad de los motores.

Si el robot está detenido y se presiona el desacelerador, los motores se moverán en reversa con una velocidad de 10.

Si la velocidad llega a 100 o -100 se mantendrá ahí, debido que es el valor máximo alcanzado por los servomotores.

El robot siempre avanzará en línea recta hacia el frente mientras que no encuentre un obstáculo a una distancia menor de 30 centímetros, si detecta el sensor infrarrojo un obstáculo, girará 40 grados hacia la derecha y seguirá avanzando.

2.7.2 Pseudocódigo

```
1   Principal
2   mientras (verdadero )
3       velocidad ← 0
4       pantalla ← "velocidad" , velocidad
5       Acelerador
6       Desacelerador
7       DetectaObstaculo
8   fin_mientras
9   Fin
10
11  Acelerador
12      mientras( verdadero )
13      si ( sensor_touch1 = presionado)
14          si( velocidad < 100)
15              velocidad + 10
16              motorA,  motorB ← velocidad
17          fin_si
18      fin_mientras
19  Fin
20  Desacelerador
21      mientras( verdadero )
22      si ( sensor_touch2 = presionado)
23          si( velocidad > -100)
24              velocidad - 10
25              motorA,  motorB ← velocidad
26          fin_si
27      fin_mientras
28  Fin
29
30  DetectaObstaculo
31      mientras( verdadero )
32          si ( sensor infrarrojo < 30)
33              velocidad * -1
34              vel2 ← velocidad / 2
35              motorA ← velocidad
36  motorB ← vel2
37          fin_si
38      fin_mientras
39  Fin
```

2.7.3 Explicación del programa

Creamos para esta práctica tres subprogramas, el primero llamado acelerador, el segundo le llamaremos desacelerador, el tercero será llamado Explorador y un menú principal que unirá los subprogramas.

Comenzamos creando un bloque ciclo o bucle que será infinito, dentro del cual se agrega un interruptor o switch que evalúa el sensor de tacto conectado en el puerto 1, si se presiona el sensor en el caso verdadero, creamos una variable llamada velocidad con un valor inicial de cero, como deseamos que la velocidad no sobre pase el valor de 100, entonces, debemos comparar el valor actual de la variable si es mayor que 100, los motores se mueven a velocidad de 100, valor que será tomado de la variable, sin embargo, si la velocidad es menor que 100, se incrementa la variable con un valor de 10, se almacena el nuevo valor y se envía a los motores para que se muevan a esa velocidad. En el caso en el que el botón correspondiente al sensor de tacto no sea presionado, no realiza nada como se puede ver en la Figura 2.61.

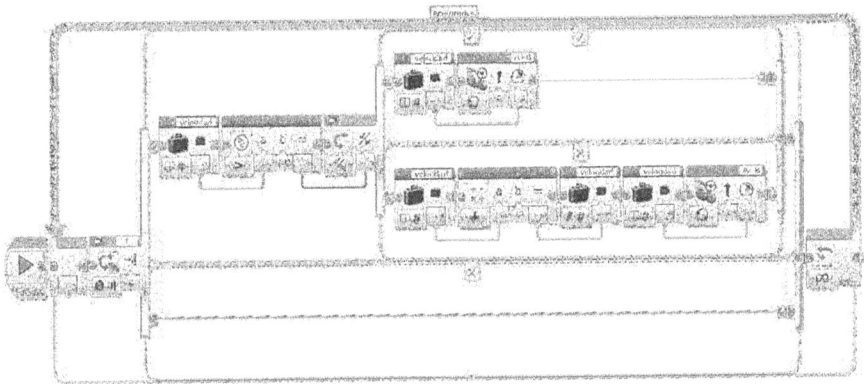

Figura 2.61. Subprograma acelerador

A continuación, se crea un bloque nuevo con el subprograma acelerador, comenzamos seleccionando el ciclo *acelerador* y se elige en el menú de opciones *Herramientas / constructor de mi bloque*, seguir los pasos que se explicaron en la práctica 2.5 (Figura 2.45). En este ejercicio llamaremos al nuevo bloque *Acelerar*.

Ahora creamos otro archivo para el subprograma desacelerador, en el cual vamos a disminuir la velocidad en múltiplos de 10, iniciamos con un ciclo infinito y dentro un interruptor que evaluará el sensor de tacto conectado en el puerto 2, si el botón del sensor se presiona, entonces, se lee el valor de la variable *velocidad* y se evalúa, si es menor que -100, mantendrá la velocidad, si es mayor que -100 se incrementa en 10 y se asigna a la velocidad de los motores A,B como se muestra en la Figura 2.62.

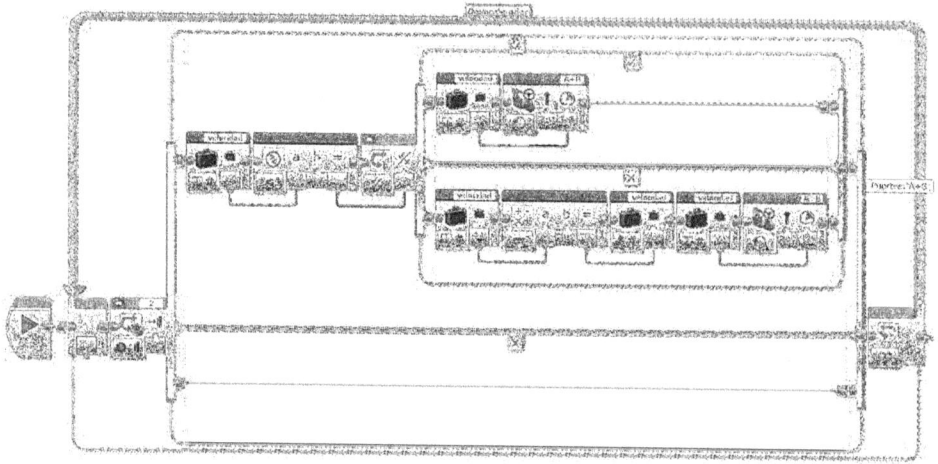

Figura 2.62. Subprograma Desacelerador

Deberá realizar los pasos correspondientes a crear mi Bloque el cual llamará desacelera, puede consultar los pasos en la figura 2.45.

Haremos uso del proyecto explorador de la sección 2.3 con algunas ligeras modificaciones para adaptarlo a este proyecto, se crea un archivo nuevo dentro del mismo proyecto y le llamaremos explorador, en esta versión agregaremos dos variables, velocidad que ya se ha utilizado anteriormente en los subprogramas, vel2, las cuales servirán para mover los motores del robot y hacerlo girar a la derecha evitando objetos, la Figura 2.63 muestra el programa explorador adaptado al proyecto actual. Es necesario crear el bloque que llamaremos *detectaObstaculo*.

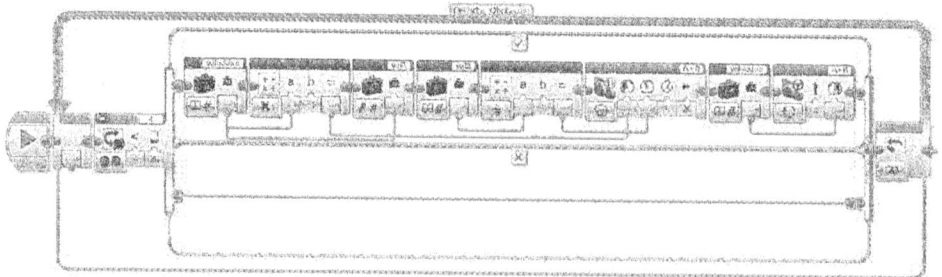

Figura 2.63. Subprograma Explorador

Para el menú principal, creamos un archivo de programa, se toma el bloque variable y se asigna el nombre de velocidad con el valor inicial de 0, se toman los bloques *Acelerar, Desacelerar y DetectarObstaculo*, se conectan en paralelo a la variable velocidad, también en paralelo se crea un bucle infinito que será usado para mostrar en pantalla el valor de la velocidad. El programa principal se muestra en la Figura 2.64.

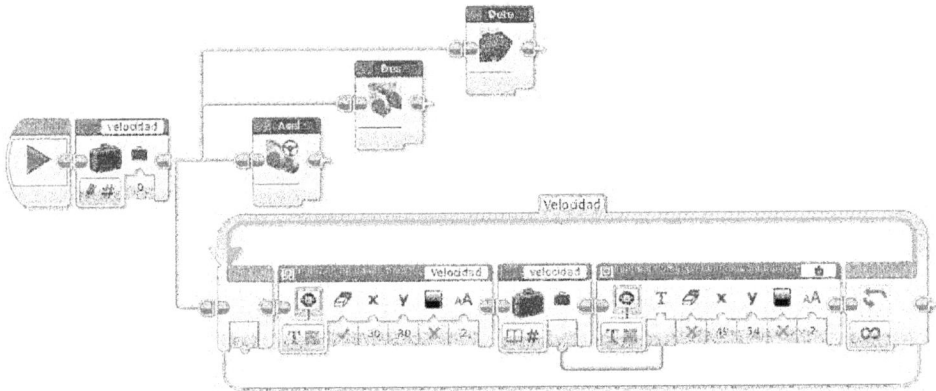

Figura 2.64. Programa principal de robot de aceleración gradual.

3

PROGRAMANDO CON ROBOTC

En este capítulo se describe el uso del programa ROBOTC® desarrollado por Carnigie Mellon Robotics Academy. Cabe señalar que esta herramienta no es exclusiva para los robots de Lego y continuamente agrega otras plataformas robóticas. Este programa se basa en la programación en lenguaje C, y ha incluido una librería con funciones en lenguaje natural que permite al usuario familiarizarse rápidamente con el entorno, además de que incluye en su instalación, programas ejemplo que resultan muy útiles durante el aprendizaje. Otra de las ventajas de utilizar esta plataforma es que ofrece opciones de depuración de los programas, así como un entorno de simulación-emulación del código actuando en un robot virtual, por lo que se puede probar rápidamente los programas implementados, sin necesidad de contar con un robot real.

En este capítulo se tratarán los tópicos teórico-práctico necesarios para lograr una buena y ágil comprensión y manejo de la herramienta de programación ROBOTC® para el EV3 MINDSTORMS de LEGO, mediante el desarrollo de proyectos que van aumentando de nivel de complejidad, tratando los elementos y capacidades del robot más generales como lo son: sensores, comunicaciones y servomotores.

La construcción, código y videos de todos los robots propuestos en este libro, son descritos en detalle y pueden descargarse desde la página de internet de este libro.

En el apéndice B se describe la instalación del programa, *firmware* del EV3, procesos de compilar, cargar, ejecutar y depurar un programa, así como la ejecución desde el ladrillo.

3.1 ROBOT AVANZA Y GIRA

En este primer proyecto se pretende familiarizar al lector con el entorno de programación *RobotC*, el cual se utilizará para programar los siguientes proyectos descritos en este capítulo.

Por esta razón este proyecto tendrá como objetivo que el robot ejecute un par de tareas sencillas, primero se desplaza hacia delante durante tres segundos y luego se detiene y gira a la izquierda por 5 segundos, por último, gira a la derecha 5 segundos y se detiene. La Figura 3.1 muestra el comportamiento del robot de avanza y gira.

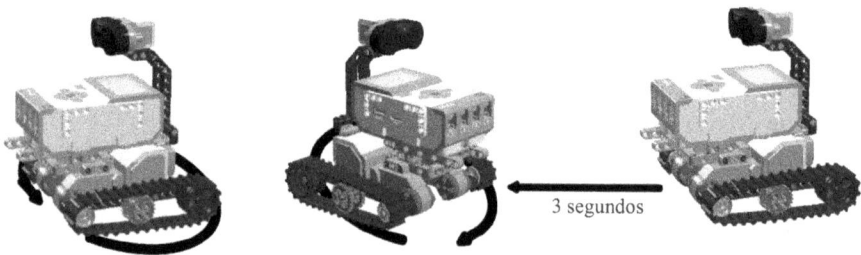

Figura 3.1. Comportamiento Robot avanza y gira

3.1.1 Reglas de comportamiento

El robot avanzará hacia adelante encendiendo los motores, espera 3 segundos; pasado el tiempo, apaga los motores por 1 segundo y nuevamente enciende el motor A y el motor B (este último en reversa) a una potencia de 10% por 5 segundos, se detienen nuevamente los motores por un segundo y vuelven a encender, pero ahora en sentido inverso a la ocasión anterior con la misma potencia por 5 segundos más, al término los motores A y B se detienen y termina el proyecto.

3.1.2 Pseudocódigo

```
1   Programa Avance
2       MotorA, MotorB  ← 75
3       Tiempo_Msegundo ← 3
4       MotorA ← 50
5       MotorB ← -50
6       Tiempo_Msegundo ← 5
```

```
 7       MotorA ← -50
 8       MotorB ← 50
 9       Tiempo_Msegundo ← 5
10 Fin_Programa
```

3.1.3 Explicación del programa

El programa para el proyecto del robot de avanza y gira, se expone a continuación.

Las librerías básicas del robot se encuentran incluidas en la sentencia:

```
#pragma config (StandardModel, "EV3_REMBOT")
```

Posteriormente, todas las demás funciones se llamarán desde el main:

```
task main(){
```

Encender los motores conectados a los puertos A y B con una potencia del 75%, se utiliza:

```
setMotorSpeed(motorA, 75);
setMotorSpeed(motorB, 75);
```

La forma de generar un retardo de tres segundos (en milisegundos) es mediante:

```
sleep(3000);
```

Apagar los motores conectados a los puertos A y B se utiliza:

```
setMotorSpeed(motorA, 0);
setMotorSpeed(motorB, 0);
```

Se mantienen apagados los motores por un segundo:

```
sleep(1000);
```

Se encienden los motores conectados a los puertos A y B, este último con un sentido contrario (valor negativo) con una potencia del 10%:

```
setMotorSpeed(motorA, 10);
setMotorSpeed(motorB, -10);
```

Se genera un retardo de 5 segundos, que es el tiempo que dura girando el robot.

```
sleep(5000);
```

Se encienden los motores conectados al puerto A, este con un sentido contrario (valor negativo) y el motor B con una potencia del 10% ambos.

```
setMotorSpeed(motorA, -10);
setMotorSpeed(motorB, 10);
```

Se genera un retardo de 5 segundos, nuevamente.

```
sleep(5000);
```

Para concluir, se detienen los motores y el programa termina.

```
setMotorSpeed(motorA, 0);
setMotorSpeed(motorB, 0);
```

Por último, se presenta una tabla 3.1 con las funciones que se utilizan en el proyecto.

Función	Significado
setMotorSpeed	Esta instrucción permite programar un valor de potencia a uno de los tres motores disponibles en los puertos A, B o C. Un valor negativo indicará un cambio en el sentido de giro del motor.
sleep	Esta función produce un retardo en milisegundos.

Tabla 3.1. Funciones utilizadas

3.1.4 Simulación RVW

Esta sección presenta el primer programa con la herramienta *Robot Virtual Worlds (RVW)* de RobotC, con esta herramienta se tiene la posibilidad de probar el código generado en un robot virtual.

El entorno de simulación presenta algunas ventajas de implementación en caso de no contar con el robot real. Las especificaciones del uso de RVW los encuentra en el apéndice B.

Al cargar el programa en el robot virtual se abre la ventana donde podremos iniciar sesión con la cuenta creada en el capítulo 2, se abre la ventana para elegir la locación en este caso será *First program* de la primera pestaña del lado izquierdo de la ventana. La Figura 3.2. El robot utilizado en esta práctica será el EV3, Figura 3.3.

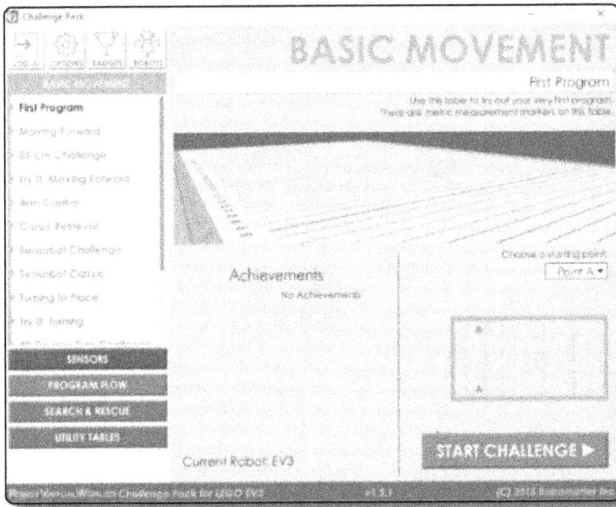

Figura 3.2. Selecciona primer programa

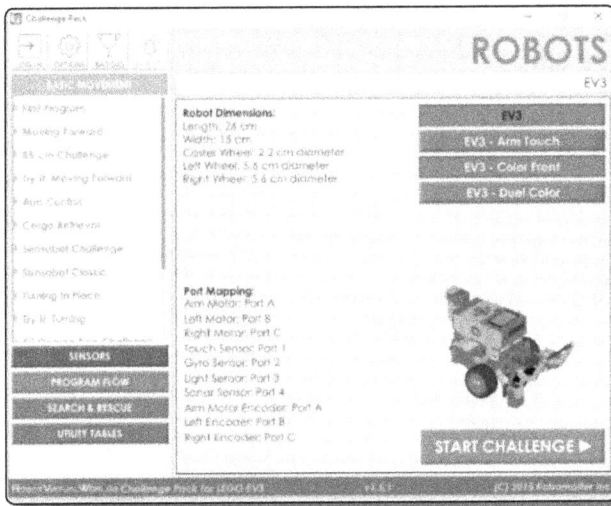

Figura 3.3. Selección del robot virtual

Simulación del programa avanza y gira

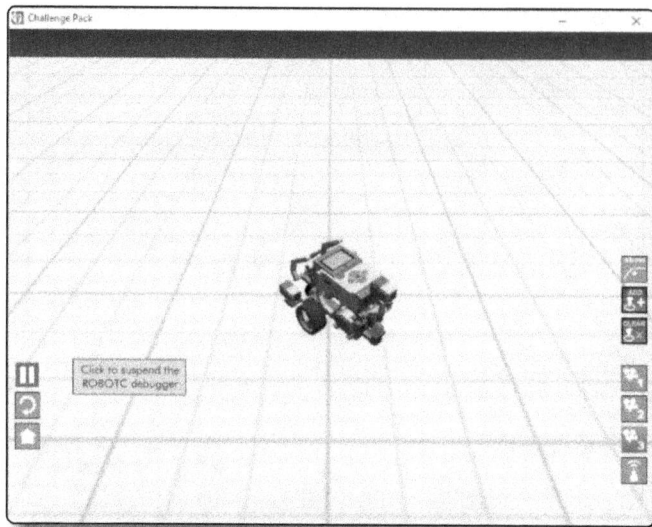

Figura 3.4. Robot virtual ejecutando el programa avanza y gira

3.2 ROBOT SIGUE LÍNEAS

En este proyecto se implementará un robot que sea capaz de seguir una línea negra sobre el piso como se muestra en la Figura 3.5, se utilizará el sensor de luz del LEGO MINDSTORMS que medirá la intensidad de la luz reflejada sobre una superficie y así poder diferenciar entre el negro (línea) y blanco (piso).

El sensor nos entrega valores de intensidad de luz entre 0-100, donde 0 corresponde a un valor totalmente obscuro y 100 para el máximo nivel de luz.

La realización de este proyecto el nivel detectado por el sensor como negro corresponde a valores menores a 37, pero se recomienda que el lector realice pruebas para medir en su entorno a qué valores corresponde el negro.

Estas lecturas en el sensor pueden variar dependiendo de las condiciones de iluminación, de la textura, la distancia del sensor al piso (se recomienda una distancia no mayor a 2 cm) y el brillo del material utilizado que genera las líneas.

Se recomienda utilizar cinta aislante de electricista para marcar las líneas a seguir por el robot.

Figura 3.5. Comportamiento del robot

3.2.1 Reglas de comportamiento

Se obtiene el valor del sensor de color, si la luz reflejada por el sensor de color es menor a 37%, significa que el sensor se encuentra sobre a línea negra, por tanto, encender el motor B con una velocidad de 50 %.

Si la luz reflejada por el sensor de color es mayor que 37% entonces deberá encender el motor A con una velocidad de 50%. Lo anterior hará que el robot avance hacia adelante infinitamente y girará a la derecha o izquierda dependiendo de los valores del sensor.

> Los objetos claros regresarán valores altos de lectura del sensor y los objetos obscuros regresarán valores bajos.

3.2.2 Pseudocódigo

```
1  Programa SigueLínea
2  inicio
3  luz ← 37
4  mientras ( verdadero )
5     inicio
6        si (obtenercolorAmbiental ( S3 ) < luz)
7           motorB ← 50
8           motorA ← 0
```

```
 9          sino
10              motorB ← 0
11              motorA ← 50
12          fin_si
13      fin_mientras
14 fin
```

3.2.3 Explicación del programa

El programa correspondiente al proyecto del *robot sigue líneas,* se expone a continuación.

Las configuraciones de los sensores y motores que serán usados en el proyecto se encuentran incluidas en las sentencias a continuación: (para conocer el significado de cada uno de los parámetros consulte el apéndice B)

```
#pragma config(Sensor, S3,      Reflectivity,
sensorEV3_Color,  modeEV3Color_Color)
#pragma config(Motor,  motorA,  armMotor,
tmotorEV3_Large, PIDControl, encoder)
#pragma config(Motor,  motorB, leftMotor, tmotorEV3_Large,
PIDControl, driveLeft, encoder)
```

Posteriormente, todas las demás funciones se llamarán desde el *main*:

```
task main() {
```

Comenzamos declarando una variable entera llamada luz con el valor de 37 la cual corresponde al valor reflejado mínimo aceptado.

```
    int luz = 37;
```

Ciclo infinito usado para que el robot avance hacia el frente.

```
    while(true){
```

getColorAmbient retornará valores de 0 a 100 el cual depende de la lectura del sensor, dicho valor se compara con el parámetro establecido, en este caso la variable *luz.*

```
        If (getColorAmbient ( S3 )  <  luz ){
```

Encender motorA con velocidad de 50 y motorB con velocidad 0.

```
            setMotorSpeed(motorA, 50);
            setMotorSpeed(motorB, 0);}
```

Si el valor obtenido por el sensor de color es mayor que 37, se enciende el motorB con velocidad de 50 y el motor A se detiene.

```
                      else{
        setMotorSpeed(motorA, 0);
        setMotorSpeed(motorB, 50); }
  } //fin de ciclo while.
  }// fin del programa
```

3.2.4 Simulación en RVW

En esta sección utilizaremos como base el proyecto anterior del robot sigue línea, utilizar una de las características más interesantes de la herramienta ROBOTC®, la simulación virtual.

El entorno de simulación presenta algunas ventajas de implementación en caso de no contar con el robot real. Las especificaciones del uso de RVW® los encuentra en el apéndice B.

Deberá elegir el robot EV3 como en el proyecto anterior y seleccionar la locación para seguir la línea. La Figura 3.6.

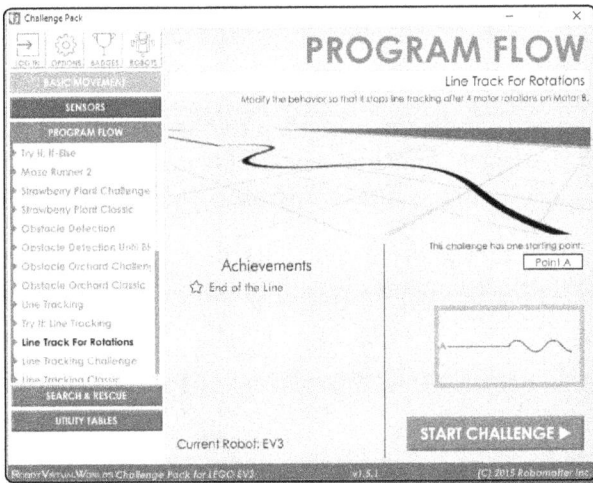

Figura 3.6. Locación para robot sigue línea.

La Figura 3.7 muestra la simulación del lado derecho y del lado izquierdo la pantalla del robot virtual.

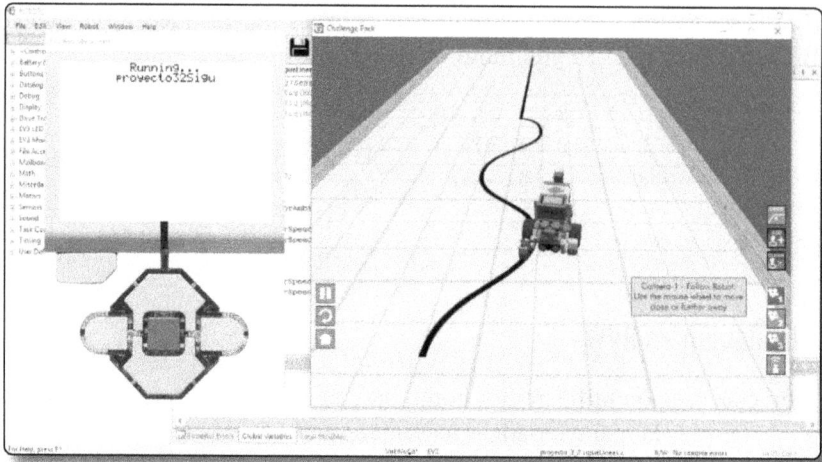

Figura 3.7. Simulación de proyecto robot sigue línea.

3.3 ROBOT BUSCA SALIDA

En este proyecto se propone la implementación de un robot capaz de encontrar la salida de una habitación o cualquier lugar que contenga obstáculos. El uso del sensor infrarrojo detecta si existen estos obstáculos delante de él, aproximándose con una velocidad decreciente y proporcional a que tan cerca se encuentran. La Figura 3.8 ilustra el comportamiento.

El uso de una decisión aleatoria, de giro a la izquierda o derecha, ayuda al robot a no quedarse atrapado frente a un obstáculo y así, sino encuentra obstáculos cercanos, proseguir su camino incrementando su velocidad hacia la salida.

El robot desplegará en la pantalla LCD los valores de distancia al obstáculo y la velocidad aplicada a los motores.

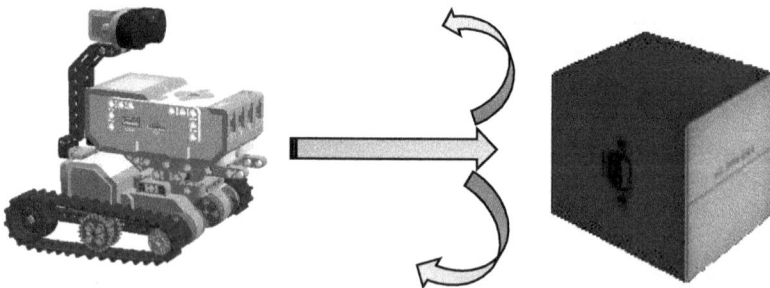

Figura 3.8. Comportamiento del robot busca salida

3.3.1 Reglas de comportamiento

El robot se moverá hacia el frente a una velocidad constante de 75 % siempre que no encuentre un obstáculo, una vez que el sensor infrarrojo detecte un obstáculo al frente:

Si la distancia del sensor al obstáculo es mayor a 50 cm entonces, la velocidad de los motores es igual al valor de distancia detectada menos una distancia de seguridad de 35 cm.

Si no, si el valor de distancia detectada es menor a 35 cm (obstáculo), entonces dar vuelta aleatoriamente a la izquierda o derecha.

3.3.2 Pseudocódigo

```
1   Procedimiento Izquierda
2        MotorA ← -20
3        MotorB ← 20
4        Pantalla ← Clear
5        Tiempo_Msegundo ← 1000
6   Fin Procedimiento Izquierda
7
8   Procedimiento Derecha
9        MotorA ← 20
10       MotorB ← -20
11       Pantalla ← Clear
12       Tiempo_Msegundo ← 1000
13  Fin Procedimiento Derecha
14
15  Procedimiento Busca Salida
16       mientras ( verdadero )
17            ValorInfrarrojo ← LeerInfrarrojo
18            Pantalla ← ValorInfrarrojo y velocidad
19            Tiempo_Msegundo ←1000
20            si (ValorInfrarrojo > 50)
21               si (Velocidad  > 75)
22                    Velocidad ← 75
23               Velocidad ← ValorInfrarrojo-Distancia
24               MotorA, MotorB ← Velocidad
25            sino si (ValorInfrarrojo < 35)
26                 Ran ← genera número aleatorio
27            si (Ran = 1)
28                 Derecha( )
29            sino si
```

```
30              Izquierda( )
31        Fin_mientras
```

3.3.3 Explicación del programa

El programa del robot busca salida es el siguiente: (Se le recuerda al lector consultar el apéndice B para conocer a que se refieren los parámetros de los archivos cabecera).

Esta sección asigna el puerto 4 al sensor infrarrojo.

```
#pragma config(StandardModel, "EV3_REMBOT")
#pragma config(Sensor, S4, sonarSensor,sensorSONAR)
```

Esta sección declara las funciones necesarias como girar a la izquierda y derecha, durante medio segundo. Para girar se requiere que las ruedas se muevan con velocidades contrarias. Cuando se ejecuta alguna de estas funciones, la pantalla LCD del ladrillo se borra y aparece, según sea el caso, los letreros "Izquierda o "Derecha".

```
void izquierda()
{
    setMotorSpeed(motorA,-20);
    setMotorSpeed(motorB, 20);
    eraseDisplay();
    DisplayCenteredTextLine(2, "Izquierda");
    sleep(1000);
}

void derecha()
{
    setMotorSpeed(motorA, 20);
    setMotorSpeed(motorB,-20);
    eraseDisplay();
    DisplayCenteredTextLine(2, "Derecha");
    sleep(1000);
 }
```

En la función principal del código se inicializan las variables del programa.

```
Ttask main()
T{
    int velocidad = 0;
    int ValorInfrarrojo = 0;
    int distancia = 35;
    int ran = 0;
```

El ciclo infinito *while* actualiza los valores, de velocidad y el del sensor infrarrojo y los despliega por la pantalla LCD del ladrillo.

```
while(true)
    {
        ValorInfrarrojo = SensorValue(sonarSensor);
        DisplayCenteredTextLine(0, "Valor Infrarrojo");
        DisplayCenteredBigTextLine(2, "%d", ValorInfrarrojo);
        DisplayCenteredTextLine(5, "%d", velocidad);
        DisplayCenteredTextLine(7, "Velocidad del motor");
```

Si el valor del sensor infrarrojo es mayor a 50 cm entonces calcula la velocidad que se aplicará a los motores, como la diferencia entre el valor del sensor y la distancia de 35 cm (distancia de seguridad).

```
if(SensorValue(sonarSensor) > 50)
        {
            velocidad = (SensorValue(sonarSensor) - distancia);
            setMotorSpeed(motorA, velocidad);
            setMotorSpeed(motorB, velocidad);
        }
```

Si el valor de distancia detectado por el sensor infrarrojo es menor que 35 cm, entonces está muy cerca del obstáculo, por lo que hay que girar aleatoriamente a la izquierda o a la derecha del objetivo para no quedar atrapado.

```
else if(SensorValue(sonarSensor) < 35)
        {
            ran = random(1);
            if (ran == 1)
                derecha();
            else
                izquierda();
        }
```

Esta sección asegura que la velocidad aplicada a los motores nunca sea mayor a 100.

```
if(velocidad > 100)
        {
            velocidad = 100;
        }
    }
}
```

3.3.4 Simulación RVW

Esta sección explica la posibilidad de probar el código generado en el punto anterior en un robot virtual, mediante la herramienta *Robot Virtual World (*RVW®*).*

Como se ha mencionado anteriormente la herramienta *RVW* y los detalles de cómo simular un programa en este entorno se explican en el apéndice B.

Una vez compilado el programa y cargado en el robot virtual seleccione el robot EV3 como se muestra en la Figura 3.9.

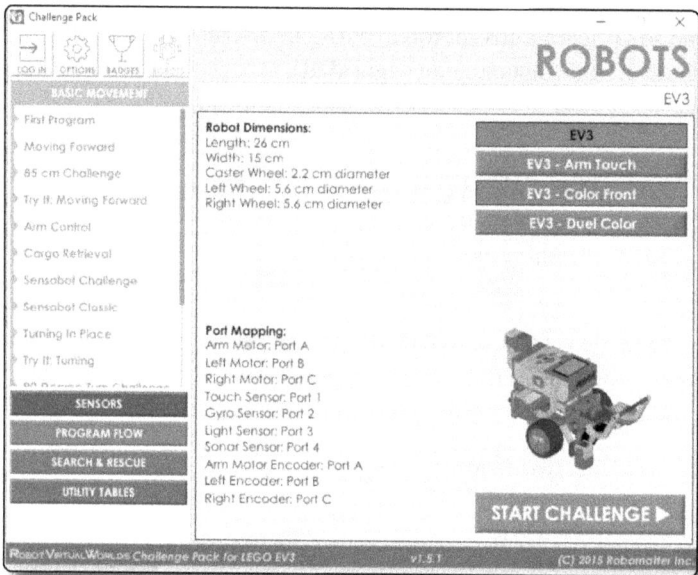

Figura 3.9. Visualización del robot virtual

Después de elegir el robot, seleccione la locación como se muestra en la Figura 3.10

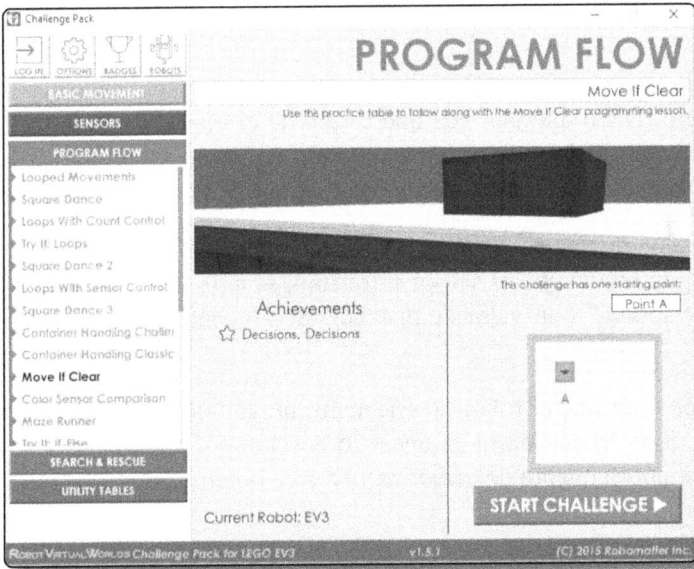

Figura 3.10. Elección de locación para la simulación.

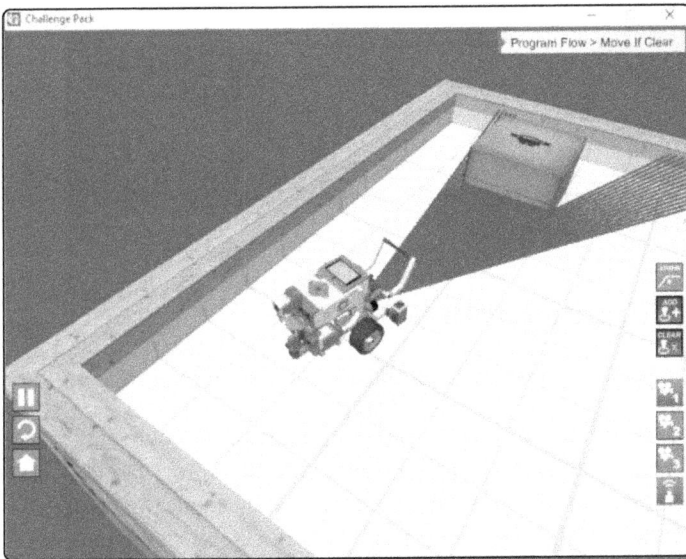

Figura 3.11. Simulación de programa Robot busca salida

3.4 ROBOT SIGUE OBJETOS

Teniendo solamente un sensor de infrarrojo es complicado seguirle la pista a algún objeto. Dado que una vez que se pierde el objeto de la vista del robot es imposible determinar la dirección hacia donde se movió (derecha o izquierda), sin embargo, puede hacerse una búsqueda como la que se propone en este proyecto.

La solución que se propone en esta actividad es que el robot avance, si ha detectado algún objeto con el sensor infrarrojo, se detiene, si alcanzo a este objeto (lo cual corresponde a un valor de distancia de 30 centímetros leída por el sensor infrarrojo).

En caso de que el robot no encuentre ningún objeto, entonces buscará por la izquierda. Sino lo encuentra entonces lo buscará por la derecha. La Figura 3.12 muestra el comportamiento del *robot seguidor de objetos.*

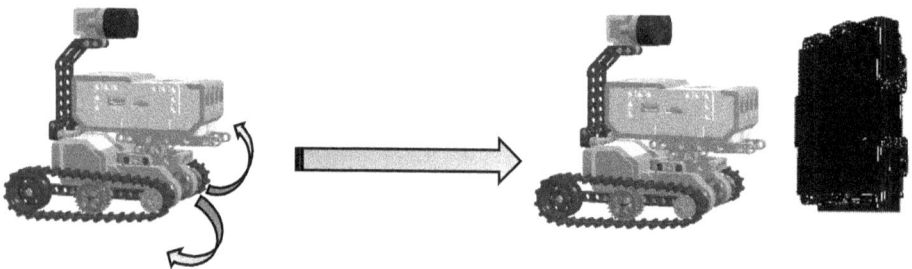

Figura 3.12. Comportamiento del Robot sigue objetos

3.4.1 Reglas de comportamiento

El comportamiento puede explicarse de la siguiente manera:

El sensor infrarrojo tomará una lectura para detectar algún objeto frente a él, Si detecta algo, entonces avanza al frente con una velocidad de 75, si los objetos que se encuentran frente al sensor infrarrojo están a una distancia mayor de 251 cm, se considera que no se encuentran objetos que seguir, por lo que se realiza una búsqueda por la izquierda, lo cual se consigue girando el robot en ese sentido, si aún con ese movimiento no se encuentran objetos en el margen de distancia, se realiza un giro a la derecha.

En el caso que el sensor infrarrojo detecte un objeto en el rango de distancia de alcance, el robot se moverá en esa dirección, una vez que la distancia entre el objeto y el robot sea menor o igual a 20 cm el robot se detendrá, continuando el ciclo si el objeto se aleja.

3.4.2 Pseudocódigo

```
1   Procedimiento Avanza
2       MotorB ← 75
3       MotorA ← 75
4   Fin_avanza
5
6   Procedimiento detener
7       MotorB ←  0
8       MotorA ← 0
9   Fin_detener
10
11  Procedimiento girar_izquierda
12      MotorA ←   30
13      MotorB ←  -30
14  Fin_girar_izq
15
16  Procedimiento girar_derecha
17      MotorB ←   30
18      MotorA ←  -30
19  Fin_girar_izq
20
21  Procedimiento sigue_objeto
22  mientras (verdadero)
23     si(SensorInfrarrojo > OBJETO  y  SensorInfrarrojo != 255)
24        detener
25        Tiempo_Msegundo ← 200
26        avanzar
27        Mientras (SensorInfrarrojo > OBJETO  y SensorInfrarrojo != 255)
28            rotationes ← 0
29        Sino si (SensorInfrarrojo = 255  y  MotorCountRotationC < 200)
30            girar_izq
31            rotationes ← 0
32            Mientras (SensorInfrarrojo = 255 y MotorCountRotationC < 200)
33        Sino si (SensorInfrarrojo = 255)
34            girar_der
35            while (SensorInfrarrojo = 255)
```

```
36                     rotationes ← 0
37           Sino si(SensorInfrarrojo <= OBJETO)
38              detener
39                 mientras (SensorInfrarrojo <= OBJETO)
40                     rotationes ← 0
41 Fin_Procedimiento
```

3.4.3 Explicación del programa

Como en ejercicios anteriores se escriben las configuraciones que se usarán:

```
#pragma config (StandardModel, "EV3_REMBOT")
#pragma config (Sensor, S4, sonarSensor, sensorSONAR)
#define OBJETO 20
```

La constante OBJETO indica la distancia mínima que se espera entre el objeto y el robot.

Las líneas siguientes de código implementan las funciones para avanzar, detener, girar a la izquierda y a la derecha en el robot.

```
void avanzar(){
    setMotorSpeed(motorA,75);
    setMotorSpeed(motorB,75);
}
void detener(){
    setMotorSpeed(motorA,0);
    setMotorSpeed(motorB,0);
}
void girar_izquierda(){
    setMotorSpeed(motorA,-30);
    setMotorSpeed(motorB, 30);
}
void girar_derecha(){
    setMotorSpeed(motorA, 30);
    setMotorSpeed(motorB,-30);
}
```

En el *main* se define como conexión del sensor el puerto cuatro del EV3:

```
task main(){
int us;
```

Dentro de *main* se define un *while*, que se encarga de perseguir un objeto cuando el robot detecto alguno. Obsérvese que el valor del sensor se compara contra 255, el 255 indicaría que el sensor infrarrojo no está recibiendo la señal de algún obstáculo u objeto.

```
while( true ){
if( SensorValue(sonarSensor) > OBJETO &&
SensorValue(sonarSensor) != 255 ){
        detener();
        Wait( 200 );
        avanzar();
        while( SensorValue(sonarSensor) > OBJETO &&
                SensorValue(sonarSensor) != 255 );
        resetMotorEncoder(motorA);
}
```

El código indica que el valor del sensor debe ser distinto a 255, ya que esta sección supone que se está detectando algún objeto. Además, debe verificarse que esté a una distancia mayor a 20 centímetros, si esto ocurre entonces el robot se detiene y espera 200 milisegundos y entonces avanza persiguiendo así al objeto que ya había encontrado.

El *while* anidado simplemente detiene la ejecución del programa hasta que la condición sea falsa.

La función *resetMotorEncoder* reinicia el valor de giros del motor C.

```
    else
        if( SensorValue(sonarSensor)) == 255 &&
getMotorEncoder(motorA) < 200 ){
    girar_izquierda();
    resetMotorEncoder(motorA);
            while(SensorValue(sonarSensor)== 255 &&
getMotorEncoder(motorA) < 200 );
        }
```

El programa entra en este bloque cuando dejó de detectar al objeto (valor del sensor = 255). En esta parte, comenzará a buscar primero por la izquierda.

```
    else if( SensorValue(sonarSensor) == 255 ){
        girar_derecha();
        while( SensorValue(sonarSensor) == 255 );
        resetMotorEncoder(motorA);
    }
```

Esta parte se ejecuta si no encontró nada por la izquierda ahora buscará por la derecha.

```
else if(SensorValue(sonarSensor) <= OBJETO ) {
    detener();
    while( SensorValue(sonarSensor) <= OBJETO );
    resetMotorEncoder(motorA);
}
```

Aquí el robot ha alcanzado a su objetivo y se detiene. Entonces la sección inicial del código se ejecuta, y espera a que el objeto se mueva para volverlo a seguir.

Función	Significado
resetMotorEncoder	Restablece a cero el codificador del motor conectado a un nMotor.

Tabla 3.2. Funciones usadas en el proyecto

3.5 ROBOT SIGUE LUZ

Este proyecto explora en qué cuadrante, de los cuatro posibles en que se divide una trayectoria circular, se encuentra el camino más alumbrado. Después avanza en dicha dirección. Para lograrlo, se utiliza el sensor de luz y se mide la intensidad de esta, posteriormente, si el robot se encuentra con algún obstáculo, retrocede por un instante de tiempo, y vuelve a explorar donde se encuentra la fuente de luz más potente. La Figura 3.13 muestra el comportamiento del robot.

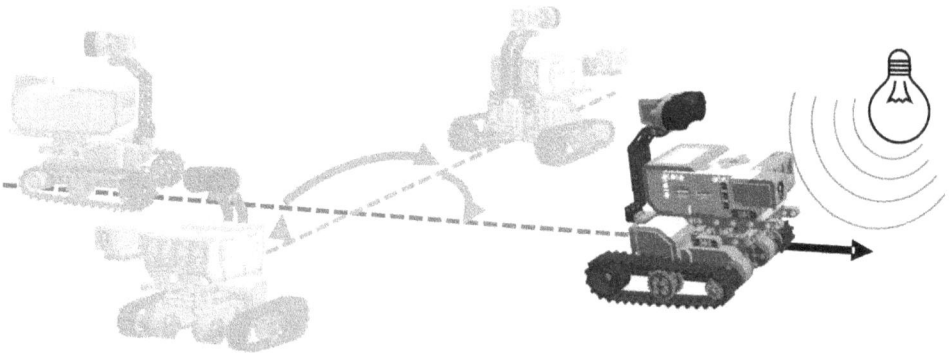

Figura 3.13. Comportamiento del robot seguidor de luz

3.5.1 Reglas de comportamiento

El robot girar sobre su eje, durante un periodo de tiempo (equivalente a 90 grados), en seguida se detiene, captura el valor del sensor de luz y es desplegado en la pantalla LCD. Realiza la misma operación en 180, 270 y 360 grados, en cada caso almacena el valor de la intensidad de luz que corresponde a los cuatro cuadrantes.

Lo próximo es determinar en cual cuadrante la intensidad es mayor y comienza a avanzar en esa dirección, hasta que el sensor infrarrojo detecte un obstáculo, en cuyo caso retrocede y vuelve a ejecutar infinitamente el ciclo.

3.5.2 Pseudocódigo

```
1   Procedimiento Seguir Luz
2   mientras (verdadero)
3       V1,V2,V3,V4, Bandera ← 1
4       Distancia ← 0
5       Girar()
6       V1 ← Valordelsensor(SensordeLuz)
7       Alto()
8       Girar()
9       V2 ← Valordelsensor(SensordeLuz)
10      Alto()
11      Girar()
12      V3 ← Valordelsensor(SensordeLuz)
13      Alto()
14      Girar()
15      V4 ← Valordelsensor(SensordeLuz)
16      Alto()
17      Girar()
18  Fin_mientras
19  mientras (Bandera = 1)
20      Distancia ← Valordelsensor(Sonar)
21      Display ← (3, "Sensor Sonar: //d", Distancia)
22      si (Valordelsensor(Sonar) > 30)
23          Motor C ← 40
24          Motor B ← 40
25      Sino si
26          Alto()
27          Reversa();
28          Emitirsonido
29          Tiempo_Msegundo ← 50
30          Bandera = 0
31      Fin_si
```

```
32 Fin_mientras
33 Fin_Procedimiento
34
35 Procedimiento Giro
36     Motor C ← 50
37     Motor B ← 0
38     Tiempo_Msegundos ← 2000
39 Fin Procedimiento
40
41 Procedimiento Alto
42     Motor C ←  0
43     Motor B ←  0
44     Tiempo_Msegundos ← 1000
45 Fin Procedimiento
46
47 Procedimiento Reversa
48     Motor C ← -30
49     Motor B ← -30
50     Tiempo_Msegundos ← 1000
51 Fin Procedimiento
```

3.5.3 Explicación del programa

Esta sección del código define los motores y sensores a utilizar:

```
#pragma config(Motor,  motorA, rightMotor, tmotorNormal, PIDControl, encoder)
#pragma config(Motor,  motorB, leftMotor,  tmotorNormal, PIDControl, encoder)
#pragma config(Sensor, S4, sonarSensor, sensorSONAR)
#pragma config(Sensor, S3, lightSensor, sensorLightActive)
```

A continuación, se definen las funciones para establecer que el robot gire, se detenga o vaya en reversa.

```
void giro(){
    setMotorSpeed(motorA,50);
    setMotorSpeed(motorB,0);
    sleep(1000);
}
void alto( ){
    setMotorSpeed(motorA, 0);
    setMotorSpeed(motorB, 0);
    sleep(1000);
}
void reversa( ){
    setMotorSpeed(motorA, -30);
```

```
        setMotorSpeed(motorB, -30);
        sleep(600);
    }
```

Por consiguiente, se almacenan los valores de intensidad de luz para cada uno de los cuatro cuadrantes (360 grados de giro del robot).

```
task main(){
    while(true){
        int v1,v2,v3,v4,bandera = 1;
        short distancia = 0;
        giro();
        v1 = SensorValue[lightSensor];
        alto();
        giro();
        v2 = SensorValue[lightSensor];
        alto();
        giro();
        v3 = SensorValue[lightSensor];
        alto();
        giro();
        v4 = SensorValue[lightSensor];
        alto();
        sleep(400);
```

Se compara la intensidad de cada cuadrante y el robot se posiciona en el cuadrante con mayor intensidad de luz.

```
        if( v1 > v2 && v1 > v3 && v1 > v4){
            setMotorSpeed(motorA, 50);
            setMotorSpeed(motorB, 0);
            sleep(820);
            }
        else{
        if( v2 > v3 && v2 > v4 ){
            setMotorSpeed(motorA, 50);
            setMotorSpeed(motorB, 0);
            sleep(1640);
        }
        else{
        if( v3 > v4 ){
            setMotorSpeed(motorA, -50);
            setMotorSpeed(motorB, 0);
            sleep(820);
        }
}}
```

Finalmente, avanza sobre el cuadrante con mayor intensidad de luz, hasta que se encuentre un obstáculo, en cuyo caso retrocede un poco y continúa con el ciclo.

```
while(bandera){
    distancia = SensorValue[sonarSensor];
    displayTextLine(3,"Sensor Sonar: %d",distancia);
    //Despliegue de la cercania en el display
    if (SensorValue[sonarSensor] > 30){
        setMotorSpeed(motorA, 40);
        setMotorSpeed(motorB, 40);
    }
    else{
        alto();
        reversa();
        playTone(784,15);
        sleep(50);
        playTone(784,15);
        //sonido de alto
        sleep(50);
        bandera=0;
    }
        } //repetición de ciclo
    } //fin del while task main
} //fin del programa
```

3.6 ROBOT CON LÓGICA DIFUSA

En este proyecto se presenta la implementación de un robot que controla su orientación. Es decir, el valor de ángulo que se desea que el robot siempre conserve. El controlador utilizado está basado en lógica difusa, la cual permite expresar el conocimiento de un experto humano en una máquina y es parte del paradigma de la inteligencia computacional (softcomputing). Como cualquier controlador, su tarea será la de mantener la variable a controlar dentro de un rango deseado, en este caso el ángulo del robot. La Figura 3.14 muestra su comportamiento.

Este proyecto podría ser parte de un seguidor de trayectorias (*path tracking*) si al robot se le envía también las posiciones que debe seguir durante un periodo de tiempo. Por ejemplo, se puede enviar la posición por un sistema de visión artificial y/o por sistemas GPS. Ambos disponibles para el robot LEGO, de este modo el robot podría seguir una trayectoria y en todo momento seguir orientado.

Posteriormente se explica el controlador difuso de manera breve, la obtención del ángulo de error y cómo alcanzar eficientemente el ángulo de referencia.

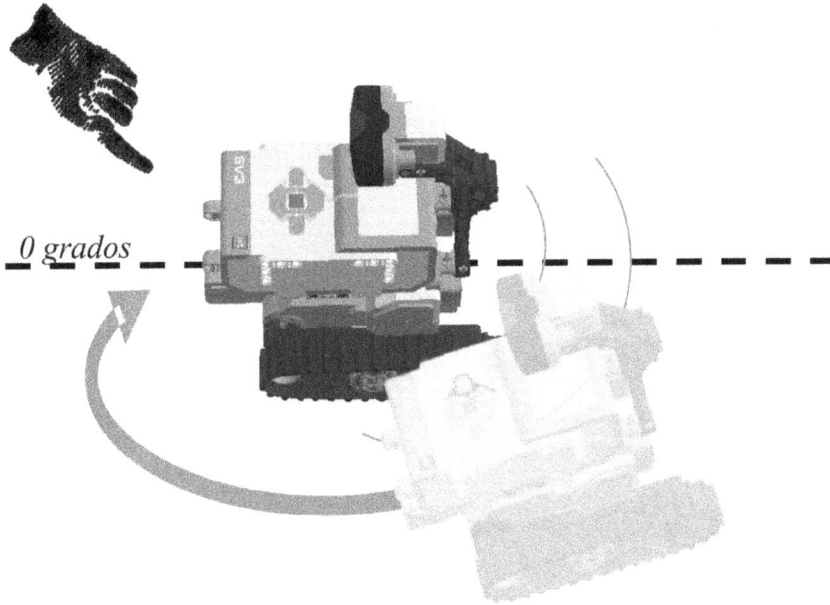

Figura 3.14. Comportamiento Robot con lógica difusa

3.6.1 Reglas de comportamiento

Si el ángulo actual no es el deseado, entonces el algoritmo de control difuso determina el valor de los motores del lego, que permiten alcanzar el ángulo deseado y decide en qué sentido debe realizar el giro para llegar eficientemente.

3.6.1.1 CONTROLADOR DIFUSO PROPORCIONAL DERIVATIVO

Específicamente se utiliza como controlador el algoritmo Proporcional Derivativo difuso (Fuzzy PD) implementado en su expresión más compacta. Es decir, mediante el análisis de la combinación de 20 regiones de sus correspondientes entradas (error y derivada del error; que en adelante le llamaremos rate). La Figura 3.15 muestra las 20 regiones de combinaciones (IC) posibles de las entradas.

En este proyecto se describirá la información básica del algoritmo para su implementación en un robot EV3. Si se desea obtener más detalles de esté algoritmo se recomienda consultar [Zaldívar, 2006].

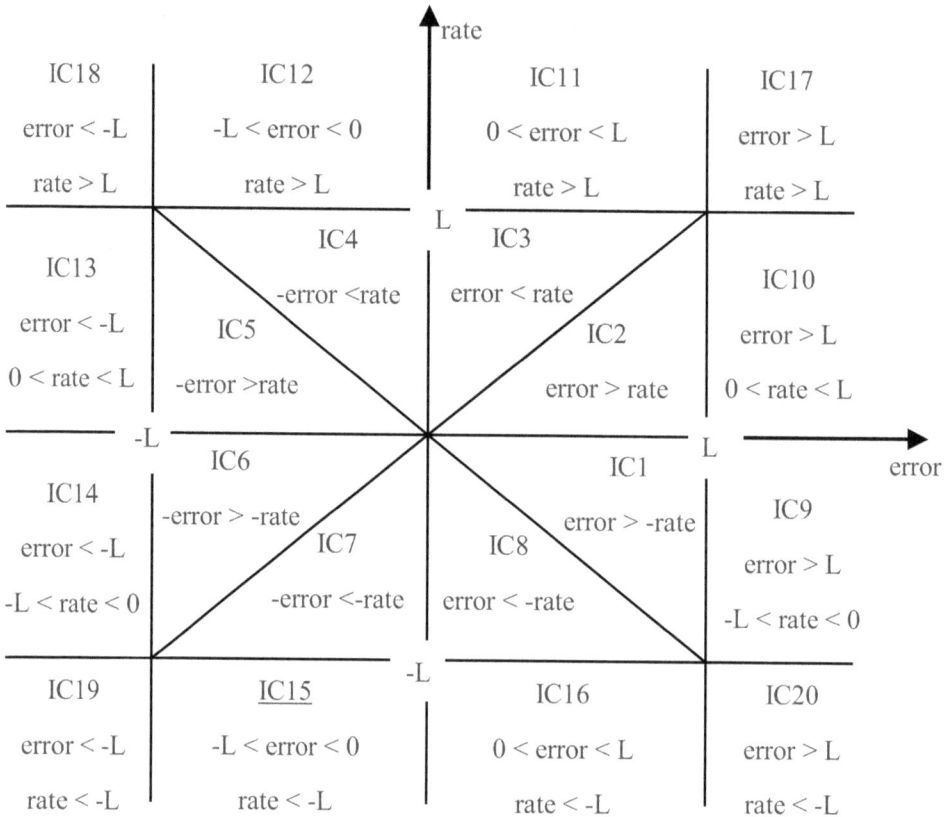

Figura 3.15. Combinaciones de entrada

En esta expresión del algoritmo PD difuso, primero es necesario determinar en cuál de las 20 regiones (*IC*) se encuentra las entradas (*error* y *rate*), para después calcular la salida correspondiente del controlador mediante la aplicación de una de las 9 ecuaciones presentadas en la Tabla 3.3.

Salida del controlador	Región para IC
$u = \dfrac{L}{2(2L - G_e\,\lvert error\rvert)}\,[G_e * error + G_r * rate]$	$IC1, IC2, IC5, IC6$
$u = \dfrac{L}{2(2L - G_r\,\lvert rate\rvert)}\,[G_e * error + G_r * rate]$	$IC3, IC4, IC7, IC8$
$u = \dfrac{1}{2}\,[L + G_r * rate]$	$IC9, IC10$
$u = \dfrac{1}{2}\,[L + G_e * error]$	$IC11, IC12$
$u = \dfrac{1}{2}\,[-L + G_r * rate]$	$IC13, IC14$
$u = \dfrac{1}{2}\,[-L + G_e * error]$	$IC15, IC16$
$u = L$	$IC17$
$u = -L$	$IC19$
$u = 0$	$IC18, IC20$

Tabla 3.3. Ecuaciones para el cálculo de la salida del controlador según la combinación de entrada (IC) actual

3.6.1.2 OBTENIENDO EL ÁNGULO DE ERROR

La operación de este robot puede ser explicada como sigue. Al robot se le pedirá un ángulo Θ_{ref} al cual debe llegar (referencia). Para poder lograrlo, el robot medirá mediante el sensor *compass*, el ángulo en el que se encuentra actualmente Θ_{actual}. Después calculará cuantos grados le faltan para alcanzar dicho ángulo, mediante la operación $\Theta_{ref} - \Theta_{actual}$, al resultado de esta diferencia se le conoce como el ángulo de *error* e_e. La Figura 3.16 ilustra este proceso.

Posteriormente, se calculará la razón de cambio del error (*rate*) y ambas entradas (*error* y *rate*) se introducirán al controlador difuso PD, esté a su vez determinará en que región, de las 20 posibles, se encuentran las entradas (ver Figura 3.17) para finalmente aplicar una de las nueve ecuaciones posibles (ver tabla 3.3), la cual determinará la salida (*u*) que debe aplicarse al actuador, en este caso los servomotores del robot, para así alcanzar el ángulo deseado (referencia). La Figura 3.17 muestra este proceso.

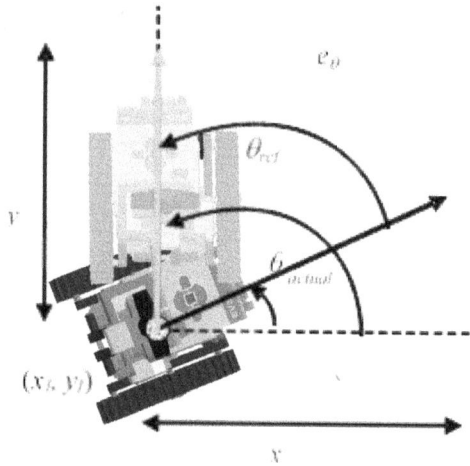

Figura 3.16. Obtención del ángulo de error e_θ en el robot orientado

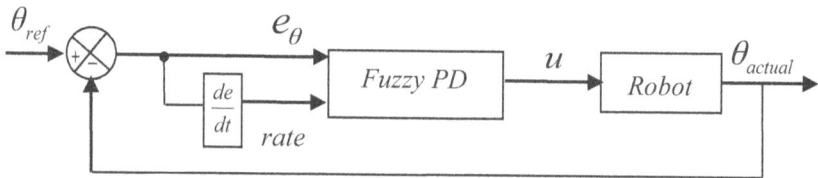

Figura 3.17. Obtención del ángulo de error e_θ en el robot orientado

3.6.2 Pseudocódigo

A continuación, se muestra el algoritmo de control difuso codificado de manera general sin utilizar un lenguaje de programación para su implementación. El algoritmo ilustra la estrategia completa para controlar la orientación del robot. Así por ejemplo la línea 1 muestra las ganancias obtenidas experimentalmente para el robot LEGO y el valor de L. Debido a que el ángulo varía de 360 a -360 grados, el limite positivo (L) se selecciona de 360, definiéndose de este modo los límites de interés en el universo de discurso. Todo el pseudocódigo necesario para organizar la codificación del robot orientado con lógica difusa, se encuentra comentado en cada línea.

G_e: Definición de la ganancia del error

G_r: Definición de la ganancia de la derivada del error o rate

G_u: Definición de la ganancia de salida

L: Límite del universo de discurso

θ_{ref}: Ángulo de referencia

θ_{actual}: Ángulo actual

u: Salida del controlador difuso

r: Derivada del error o rate

e_θ: Ángulo de error

$e_{\theta-1}$: Ángulo de error anterior

1. $G_e \leftarrow 20$, $G_r \leftarrow 2$, $G_u \leftarrow 0.5$
2. L $\leftarrow$ 360
3. **mientras (verdadero)**
4. $e_\theta \leftarrow \theta_{ref} - \theta_{actual}$
5. **Si** ($e_\theta > \pi$)
6. $e_\theta \leftarrow e_\theta - 2\pi$
7. **Si** ($e_\theta < -\pi$)
8. $e_\theta \leftarrow e_\theta + 2\pi$
9. r $\leftarrow e_\theta - e_{\theta-1}$
10. $e_{\theta-1} \leftarrow e_\theta$
11. $e_\theta \leftarrow e_\theta * G_e$
12. r $\leftarrow r * G_r$
13. u $\leftarrow$ FUZZY(e_θ,r)
14. u $\leftarrow u * G_u$
15. **si** ($e_\theta > 0$)
16. motorA $\leftarrow$ u
17. motorB $\leftarrow$ -u
18. **Sino si** ($e_\theta < 0$)
19. motorA $\leftarrow$ -u
20. motorB $\leftarrow u$
21. *Sino*
22. motorA $\leftarrow 0$
23. MotorB $\leftarrow 0$
24. **Fin_si**

A continuación, se muestra el pseudocódigo para la implementación del controlador difuso mediante una función llamada *fuzzy*.

```
1: FUZZY($e_i$,r)          //Evaluar las 20 regiones para conocer la salida u
3: si  ($e_i$ > -r) or ($e_i$ > r) or (-$e_i$ > r) or (-$e_i$ > -r)        // regiones ic1, ic2, ic5, ic6
4:     u ← (L/(2*(2*L-abs($e_i$))))*($e_i$ + r)

5: si  ($e_i$ < r) or (-$e_i$ < r) or (-$e_\theta$ < -r) or ($e_\theta$<-r)        // regiones ic3, ic4, ic7, ic8
6:     u ← (L/(2*(2*L-abs(r))))*($e_\theta$+ r)

7: si  (($e_\theta$ > L) and (-L< r < 0)) or ((0 < r < L)and($e_\theta$ > L))    // regiones ic9, ic10
8:     u ← (L + r)/2

9: si  ((0 < $e_\theta$ < L) and (r>L)) or ((r > L) and(-L < $e_i$ < 0))  // regiones ic11, ic12
10:    u ← (L+$e_i$)/2

11: si ((e < -L) and(0 < r < L)) or ((e < -L) and (-L < r < 0))  //regiones ic13,ic14
12:    u ← (-L + r) / 2

13: si ((r < -L) and (-L< $e_i$ < 0)) or ((r < -L) and (0 < $e_i$ < L)  // regiones  ic15, ic16
14:    u ← (-L+$e_i$)/2

15: si ($e_i$ > L) and (r > L)                 // regiones  ic17
16:    u ← L

17: si ($e_i$ < -L) and (r < -L)                 // regiones ic19
18:    u ← -L

19: si (($e_i$ < -L) and (r > L)) or (($e_i$ > L) and (r < -L)) // regiones ic18, ic20
20:    u ← 0
21:    retorna u
```

3.6.2.1 ALCANZANDO EFICIENTEMENTE EL ÁNGULO

Con la finalidad de eliminar el ángulo del error e_θ y alcanzar eficientemente el ángulo deseado Θ_{ref}, las líneas 4 y 6 del menú principal del algoritmo codificado han sido incluidas. Esto con el objetivo de encontrar el camino más corto para alcanzar el ángulo de referencia, considerando la posición actual del robot. Así, si por ejemplo el robot se encuentra en cero grados, esto es: ($\Theta_{actual} = 0$) y se desea alcanzar -270 grados ($\Theta_{ref} = -270$), por lo que al realizar las operaciones, el código determina que es más eficiente que el robot alcance 90 grados ($\Theta_{ref} = 90$), ya que este ángulo representa en realidad la misma orientación y los valores en grados de 90 y -270 representan ángulos complementarios. Tal y como se ilustra en la Figura 3.18. En donde, además, en la parte superior izquierda de la misma, se encuentran los valores y la sección del código que se activaría en dicho ejemplo.

El código para el robot orientado incluye instrucciones para alcanzar eficientemente el ángulo de referencia, en este caso 0o, o dirección al norte, Así decide si es más eficiente girar en el sentido de las manecillas del reloj o al contrario.

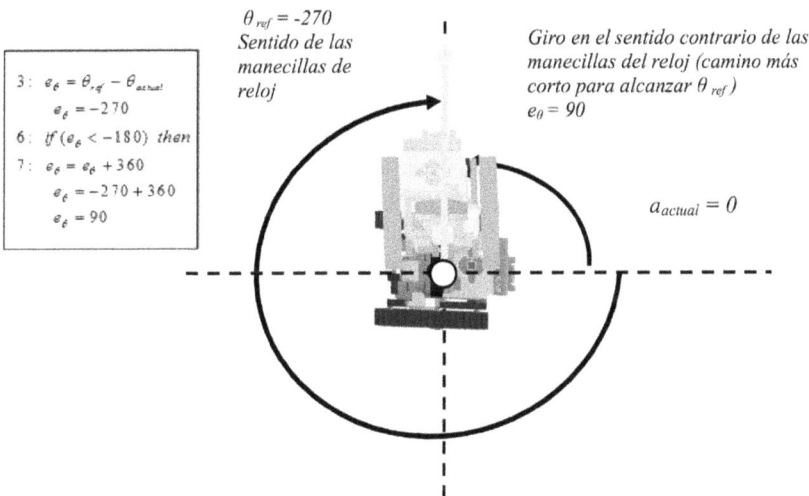

Figura 3.18. Alcanzando eficientemente a Θ_{ref}, (es decir, decidiendo si el robot debe girar en el sentido de las manecillas del reloj, o al contrario)

3.6.3 Explicación del programa

El robot se considera fijo el ángulo de referencia (0 grados). El lector puede variar este valor y observar como el robot lo alcanza. Una variante interesante a este programa podría ser él envió de nuevos valores de ángulo de referencia, desde un dispositivo *Bluetooth* (desde una PC u otro EV3).

En esta parte se incluyen las librerías necesarias para los sensores y motores.

```
#pragma config(Motor,  motorB,         motorLeft,
tmotorEV3_Large, PIDControl, encoder)
#pragma config(Motor,  motorA,         motorRigth,
tmotorEV3_Large, PIDControl, encoder)
```

Se incluye la librería correspondiente al uso del sensor la cual debe descargar de la página del libro o de la página del fabricante.

```
#include "hitechnic-compass.h" //Se agrega la librería del
Compass
```

Esta parte del código declara la función para el controlador basado en lógica difusa. Sus entradas son el *error* y la derivada del error, regresa la salida (*s*) necesaria para los motores.

```
float fuzzy(signed int e,signed int r) {
float L=4*180,s;
if( (e<L) && (r<L) ) {
   if( (abs(e)>abs(r) ) && (e!=abs(r)) )
      s=(L/(2*(2*L-abs(e))))*(e+r);   // ic1,ic2,ic5,ic6
   else if ( (abs(r)>abs(e)) && (e!=abs(r)) )
      s=(L/(2*(2*L-abs(r))))*(e+r);   // ic3,ic4,ic7,ic8
}
else {
   if( (e>L) && ( (-L<r) && (r<L) ) && (r!=0) )
      s=(L+r)/2;                      //ic9,ic10
   else if ( (r>L) && ( (-L<e) && (e<L) ) && (e!=0) )
      s=(L+e)/2;                      //ic11,ic12
   else if( (e<-L) && ( (-L<r) && (r<L) ) && (r!=0) )
      s=(-L+r)/2;                     //ic13,ic14
   else if( (r<-L) && ( (-L<e) && (e<L) ) && (e!=0) )
      s=(-L+e)/2;                     //ic15,ic16
   else if( (e>L) && (r>L) )
      s=L;                            //ic17
   else if( (e<-L) && (r<-L) )
      s=-L;                           //ic19
   else if ( ( (e<-L) && (r>L) ) || ( (e>L) && (r<-L) ) )
```

```
       s=0;                              //ic18,1c20
}
return s;//Regresa la salida difusa
}
```

El apartado siguiente es el principal, donde se declaran los valores de las variables y constantes, se establece el puerto del sensor compass y se habilita al mismo.

```
task main()//Inicia el Programa
{
    signed int ge = 5; //Ganancia de error
    signed int gr = 2;  //Ganancia de la derivada
    signed int e = 0; // error
    signed int r = 0; // derivada
    signed int eant = 0; //error anterior
    int ac; //ángulo actual
    int sFinal = 0, ref = 0; //sFinal=Salida final, ref =
Angulo de referencia
    float s, gu = 0.5;//s valor de salida con punto flotante,
                // gu=ganancia de la salida
    tHTMC kcompass;
    initSensor(&kcompass, S2);
    kcompass.offset = ref;
```

Este es el ciclo infinito que lee el valor desde el sensor, con este valor y la referencia obtiene el *error* y la derivada, se ejecuta la función del controlador difuso (*fuzzy*) y obtiene la salida que se aplica a los motores para generar el movimiento.

```
while (true)    //Ciclo infinito
{
sleep(100);
        readSensor(&kcompass);//lectura de los datos del
                              //sensor
        e = ref - kcompass.heading; //obtiene el error
    if(e > 180)  //Ajusta
    {
        e = e - 360;
    }
    if(e < -180)
    {
        e = e + 360;
    }
    r = e - eant; //obtiene la derivada
    eant = e;  //Guarda el error anterior
```

```
e = e * ge; //se multiplica el error por la ganancia
r = r * gr;//multiplica la derivada por la ganancia
s = fuzzy(e,r);
s = s * gu;
sFinal = (int)abs(s);
if(sFinal > 20)  //acota la salida
    sFinal = 20;
```

Esta parte del código determina si es necesario girar en sentido o contra las manecillas del reloj.

```
if((e > 0)){
    motor[motorB] = -(sFinal);
    motor[motorA] = (sFinal);
}
else if((e < 0)){
    motor[motorB] = (sFinal);
    motor[motorA] = -(sFinal);
}

if( e == 0 || kcompass.heading == 90)
{
    motor[motorB] = 0;
        motor[motorA] = 0;
}
```

Finalmente, se despliega en la pantalla LCD del LEGO el valor de algunos parámetros como son el ángulo actual, el error, la referencia y la salida del controlador.

```
    //mostramos información.
displayTextLine(1, "ángulo: %4d", ac);
displayTextLine(2, "error: %d", e);
displayTextLine(3, "referencia: %d", kcompass.offset);
displayTextLine(5, "salida: %d", sFinal);
}}
```

3.7 CREAR FICHEROS DE SENSORES

En este proyecto se mostrará la forma de crear archivos de datos, para almacenar información referente a valores de sensores, velocidad de los motores, revoluciones por minuto etc.

El uso de los archivos nos puede dar la oportunidad de obtener información que posteriormente puede ser graficada o estudiada, podría almacenar los movimientos del robot, los grados, los valores obtenidos de un determinado sensor, el posicionamiento global o simplemente algunos valores relevantes.

La principal actividad que se realizará en este programa será almacenar en el archivo los valores correspondientes a la lectura del sensor infrarrojo, color, touch, giro y motores A, B y C.

Figura 3.19. Robot Almacena datos de sensores en archivo

3.7.1 Reglas de comportamiento

El robot se encuentra en modo detenido, al iniciar el programa se leerá el valor del sensor de color, infrarrojo, giro, touch, motor A, motor B y motor C, para almacenarlos en el archivo que se creará, el cual tendrá el nombre de "prueba" posteriormente se sincronizan los motores, se reinicia el sensor de color y el infrarrojo para tomar otra lectura y enviar los datos al archivo, se realiza una secuencia 10 veces por medio de un ciclo, para obtener una muestra de los valores, los cuales se mostrarán en la pantalla del robot al realizar la lectura del archivo.

3.7.2 Pseudocódigo

```
1   filename ← "prueba"
2
3   entero nSensorValues[4
```

```
 4  real nMotors[3
 5
 6  ProcedimientotestData()
 7  inicio
 8  entero fileHandle
 9  entero cont ← 1
10  // Abrir el archivo para escribir
11  abrirArchivo  (filename)
12  //lectura de valores
13  Mientras (cont  <=  10)
14  inicio
15  nSensorValues[0] ← Tomar valor de S1
16  nSensorValues[1 ]← Tomar valor de S2
17  nSensorValues[2] ← Tomar valor de S3
18  nSensorValues[3] ← Tomar valor de S4
19  nMotors[0] ← obtenerGrados de motorA
20  nMotors[1] ← obtenerGrados de motorB
21  nMotors[2] ← obtenerGrados de motorA
22
23  escribir en archivo el valor nSensorValues[0]
24  escribir en archivo el valor nSensorValues[1]
25  escribir en archivo el valor nSensorValues[2]
26  escribir en archivo el valor nSensorValues[3]
27  escribir en archivo el valornMotors[0]
28  escribir en archivo el valornMotors[1]
29  escribir en archivo el valornMotors[2]
30  cont +1
31  fin
32  cerrar el archivo
33  fin
34
35  Procedimiento  readFile()
36  inicio
37  entero fileHandle
38  entero readvalue
39  // Abrir el archivo para escribir
40  abrirArchivo  (filename)
41
42  // leer los valores del archivo
43  // La función fileReadLong() regresa "false" cuando ocurre un error o no hay dato
44  mientras (exista datos que leer)
45  inicio
46  escribir Datos en el buffer
47  mostrar en pantalla ( readValue)
48  retardo (100)
```

```
49  fin
50  cerrar el archivo
51  fin
52
53
54  Principal()
55  inicio
56  borrar pantalla
57  restablecer los sensores
58  testData()
59  readFile()
60  Tiempo_Msegundo(500)
61  fin
```

3.7.3 Explicación del programa

A continuación se presenta la explicación del programa para el robot que almacena datos en archivos.

Utilizaremos el sensor touch, el de color, el infrarrojo, el motores medio y los dos motores largos, de los cuales obtendremos información sobre las lecturas que están obteniendo o las revoluciones por minuto en el caso de los motores.

Otra implementación de este programa podría ser combinarlo con el robot de lógica difusa para obtener los valores del sensor compas y graficar, u obtener los sonidos del sensor de sonido etc.

Primeramente, en la parte superior se incluyen las librerías necesarias para los sensores y motores.

```
#pragma config(Sensor, S1, toque, sensorEV3_Touch)
#pragma config(Sensor, S2, giro, sensorEV3_Gyro)
#pragma config(Sensor, S3, luz, sensorEV3_Color, modeEV3Color_Color)
#pragma config(Sensor, S4, uls, sensorEV3_Ultrasonic)
#pragma config(Motor, motorA, motA, tmotorEV3_Medium, PIDControl, encoder)
#pragma config(Motor, motorB,motB,tmotorEV3_Large, PIDControl, encoder)
#pragma config(Motor, motorA,motC,tmotorEV3_Large, PIDControl, encoder)
```

A continuación, se declara el nombre del archivo, para este caso lo llamaremos prueba.

```
char * filename = "prueba";
```

Utilizaremos variables de tipo arreglo para almacenar los datos que obtienen los sensores.

```
long nSensorValues[4];
float nMotors[3];
```

La función *testData* permite crear el archivo, abrirlo y escribir los datos obtenidos de los sensores. El contador es usado para repetir el ciclo 10 veces y así obtener la lectura de los sensores.

```
void testData() {
    long fileHandle;
    short cont = 1;
    // Abrir el archivo para escribir
fileHandle = fileOpenWrite(filename);
//lectura de valores
while(cont <= 10)
    {
        nSensorValues[0] = SensorValue[S1];
        nSensorValues[1] = SensorValue[S2];
        nSensorValues[2] = SensorValue[S3];
        nSensorValues[3] = SensorValue[S4];
        nMotors[0] = getMotorEncoder(motorA);
        nMotors[1] = getMotorEncoder(motorB);
        nMotors[2] = getMotorEncoder(motorA);
        sleep(10);
//Comienza la escritura en el archivo
            fileWriteLong(fileHandle, nSensorValues[0]);
            fileWriteLong(fileHandle, nSensorValues[1]);
            fileWriteLong(fileHandle, nSensorValues[2]);
            fileWriteLong(fileHandle, nSensorValues[3]);
        fileWriteLong(fileHandle, nMotors[0]);
        fileWriteLong(fileHandle, nMotors[1]);
        fileWriteLong(fileHandle, nMotors[2]);
writeDebugStreamLine("fileHandle: %d", fileHandle);
cont ++;
    }
//Instrucción para cerrar el archivo
    fileClose(fileHandle);
}
```

La función *readFile* abre el archivo para lectura y en una variable va almacenando los datos que va obteniendo de leer el archivo.

```
void readFile() {
        long fileHandle;
long readValue;
        // Abrir el archivo para lectura.
fileHandle = fileOpenRead(filename);
```

Aquí es donde se leen los valores del archivo. La función *fileReadLong()* regresa "false" cuando ocurre un error o no hay datos que leer.

```
int i=0;
while (fileReadLong(fileHandle, &readValue))
{
        writeDebugStreamLine("Read: 0x%X", readValue);
        displayCenteredTextLine(4+i,"Read: %d 0x%X", i++, readValue);
        wait1Msec(100);
}
```

Esta instrucción permite cerrar el archivo.

```
    fileClose(fileHandle);
}
```

Para el menú principal mandamos llamar la escritura de los datos y posterior a ello la lectura. Puede inicializar los valores de los sensores y limpiar la pantalla.

```
task main() {
    testData();
    readFile();
    sleep(500);
}
```

Función	Significado
fileWriteLong	Escribe un valor entero largo con signo en el archivo, su retorno es verdadero si la instrucción no genera algún error y falso en caso contrario.
writeDebugStreamLine	Escribe una cadena en la secuencia de depuración que comienza en una nueva línea
fileClose	Cierra un archivo, regresa verdadero si cerró sin ningún problema, falso en caso contrario.
fileOpenRead	Abre un archivo para lectura.
fileReadLong	Lee un valor entero largo con signo de un archivo, regresa verdadero si la instrucción no genera algún problema.

Tabla 3.4. Funciones usadas en el proyecto

3.8 ROBOT VELOCÍMETRO

En este proyecto realizaremos un velocímetro que aparecerá en la pantalla del ladrillo por medio del uso del sensor touch podremos acelerar los motores del robot, cuando el touch se encuentra presionado la velocidad aumenta gradualmente, pero si se suelta, los motores desaceleran de la misma manera. Para realizar la imagen en la pantalla se hará uso de gráficos como líneas y curvas. La Figura 3.24 ilustra la imagen que se crea en la pantalla.

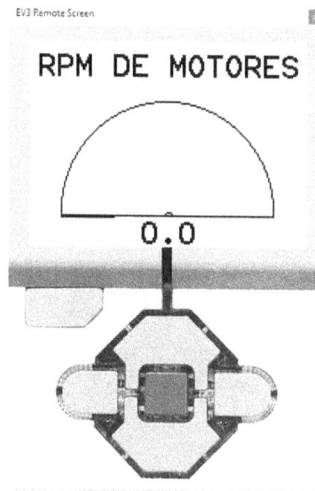

Figura 3.20. Gráfico creado en la pantalla del EV3 (velocímetro)

3.8.1 Reglas de comportamiento

En la pantalla se dibuja un semicírculo el cual representa el velocímetro, así mismo se usará una línea que sirve de aguja y se mueve de izquierda a derecha con las revoluciones del motor B, la velocidad del motor B aumentará o disminuirá por medio del sensor touch. Debajo del semicírculo se muestra el valor de las revoluciones por minuto del motor B.

Si el sensor touch se encuentra presionado la velocidad se incrementa en un valor hasta alcanzar la velocidad máxima de 100, se sincronizan los motores B y C permitiendo que el robot avance al frente, si el sensor touch no se encuentra presionado la velocidad disminuirá en un valor hasta llegar a cero, también en este caso se sincronizan los motores para que el robot se detenga poco a poco conforme disminuya la velocidad.

3.8.2 Pseudocódigo

```
1   m← 89
2    n← 19
3   r ← 69
4   Principal
5   Inicio
6
7   setMotorBrakeMode(MOT_B, motorCoast)
8   motor[MOT_B] = 0
9   se declaran las variables
10  x, y,  potencia,  rev, grados
11  Mientras  (verdadero)
12  Inicio
13  si ( el valor del sensor touch =  1)
14  sincroniza el motorB con el otora a la velocidad de potencia +1
15  sino
16  si  ( potencia > 0)
17  sincroniza los motores motorB y otora a la velocidad de potencia -1
18  sino
19  detener los motores B y C
20  limpiar la pantalla
21  rev  ← obtener las revoluciones por minuto del motorB
22  grados ← rev - 90
23  x  ← (r * seno de los grados(grados))
24  x ← x + m
25  y  ← (r * coseno de los grados(grados))
26  y ← y + n
27  dibujar circulo con un radio de r*2 en la fila 20 columna 90
28  borrar los pixeles posteriores a las coordenadas 0,0,columnas 178
29  dibujar línea(20, 19, 156, 19);
30  dibuja línea(m, n, x, y);
31  mostrar en pantalla el valor de rev
32  fin
33  fin
```

3.8.3 Explicación del programa

Ahora se presenta la explicación del código correspondiente al programa para el robot que dibuja el velocímetro en la pantalla. En esta práctica se utilizan algunas funciones correspondientes a la librería *math* y otras funciones avanzadas del sensor display. El lector podría crear una variante de esta práctica realizando dos dibujos, uno para cada motor.

Como en ejercicios anteriores en esta parte se incluyen las librerías necesarias para el uso de motores y sensores

```
#pragma config(Sensor, S4,toque,sensorEV3_Touch)
#pragma config(Motor,motorB,MOT_B,tmotorEV3_Large,PIDControl, encoder)
```

En el menú principal se hace la declaración de la variable r corresponde al valor de radio para el círculo que vamos a crear en la pantalla, recuerde que la pantalla del EV3 es de 178 x 128 píxeles, obtenemos el costo del freno del motorB, y creando un ciclo infinito obtenemos el valor del sensor touch para comparar si se encuentra presionado (1). Se sincronizan los motores B y C y aumenta la potencia. Si el valor del sensor touch es cero disminuye la potencia.

```
task main()
{
    // CIRCULO
    int r = 69;
    int x, y, potencia = 0;
    float rev, g;
//retorna la potencia que quita al motor para frenar o el costo.
    setMotorBrakeMode(MOT_B, motorCoast);
    motor[MOT_B] = 0;
    while (true)
    {
        if( SensorValue[S4] == 1)
            setMotorSync(motorB, motorC, 0, potencia++);
        else
            if(potencia > 0)
                setMotorSync(motorB, motorC, 0, --potencia);
            else
                setMotorSync(motorB, motorC, 0, 0);
```

Limpiamos la pantalla, obtenemos el valor de las revoluciones por minuto del motorB.

```
eraseDisplay();
rev = getMotorRPM(MOT_B);
```

Ahora obtenemos los valores para x, y que nos servirán para crear un semicírculo perfecto. Para ellos debemos multiplicar el valor del radio por el seno de los grados de la resta de la variable rpm menos 90, y mostrar en pantalla la leyenda RPM de motores.

```
g = rev - 90;
x = (r * sinDegrees(g));
y = (r * cosDegrees(g));
x = x + 89;
y = y + 19;
displayCenteredBigTextLine(1, "RPM DE MOTORES");
```

Ya que la pantalla del robot tiene los valores de 178 x 128 como mencionamos anteriormente, se dibuja un círculo en el centro con los valores para x, y, con los números de 20, 90 respectivamente y de un radio de 138.

```
drawCircle(20, 90, r * 2);
drawCircle(89 - 2, 19 + 2, 5);
```

Se borra lo que no necesitamos del círculo, esto es, la mitad inferior de este. Creando un rectángulo que comienza en las coordenadas 0, 0, con un largo de 179 columnas y un ancho de 19, se dibuja una línea desde la columna 20, fila 19 por 156 columnas terminando en la fila 19.

```
eraseRect(0, 0, 178, 19);
drawLine(20, 19, 156, 19);
```

Se dibuja la línea que se moverá dentro del circulo (flecha).

```
drawLine(89, 19, x, y);
```

Mostrar en pantalla el valor de las revoluciones por minuto del motor B.

```
displayCenteredBigTextLine(14,"%3.1f", rev);
sleep(50);
    }
  }
```

Función	Significado
setMotorBrakeMode	Establece el modo de frenado del motor, tiene dos estados: *MotorCoast:* quita la potencia al motor para frenar. *MotorBrake:* soporta el giro si se frena un motor.
setMotorSync	Sincroniza dos motores, recibe los nombres de los motores 1 y 2, el modo de sincronización: mismo poder al motor 1 y 2 50 aplica poder 50 al motor 1 y cero al motor 2 100 aplica poder 100 al motor 1 y -100 al motor 2 -50 y -100 lo contrario a los valores anteriores.
getMotorRPM	Regresa el valor correspondiente a las revoluciones por minuto del motor.
sinDegrees	Función de la librería math. Retorna el seno de un numero de grados.
cosDegrees	Función de la librería math. Retorna el coseno de un numero de grados.
drawCircle	Dibuja un círculo en las coordenadas que recibe y con el radio indicado.
eraseRect	Borra todos los píxeles en un contorno del rectángulo utilizando las coordenadas que se indiquen.
drawLine	Dibuja una línea con las coordenadas x, y que se indiquen.

Tabla 3.5. Funciones usadas en el proyecto

4

PROGRAMANDO CON LEJOS EV3

LeJOS EV3 es un ambiente de programación en Java para los Lego Mindstorms, permitiendo programar los ladrillos RCX, NXT y EV3.

El ladrillo EV3 no tiene compatibilidad con Java, sin embargo, mediante la instalación de LeJOS en una tarjeta de memoria SD que se inserta en el EV3 nos permite descargar y ejecutar programas en este entorno, el cual aloja los programas y la configuración de características. Si la tarjeta es retirada el EV3 inicia en el entorno estándar.

Las herramientas necesarias para trabajar con leJOS bajo la plataforma de Windows son:

- ▶ JDK (Kit de desarrollo de Java)
- ▶ Eclipse (Entornos de desarrollo integrado)
- ▶ LeJOS EV3 (Java para Lego EV3)

Algunas de las características interesantes que presenta el leJOS EV3 son:

- ▶ Programación de código abierto orientada a objetos con *Java*.

- ▶ Manejo de recursión, sincronización, excepciones, arreglos (incluyendo multidimensionales), hilos, además soportes *plugins*.

- ▶ Trabajo en entornos de desarrollo integrado (*Eclipse, Netbean, etc.*).

- ▶ Soporte en las plataformas de *Windows, Linux* y *Mac OS X*.

- ▶ Soporte completo para *Bluetooth*, USB, y los protocolos *I2C*.

- Soporta el monitoreo remoto y la localización del programa LeJOS desde la computadora.
- Ofrece operaciones matemáticas de punto flotante, funciones trigonométricas y probabilísticas, entre otras.
- Cuenta con una bien documentada API (Interfaz de programación de aplicaciones), mediante varios programas ejemplo.

Para conocer y descargar las herramientas necesarias para trabajar con leJOS en la plataforma de Windows se recomienda leer el Apéndice C. Se recuerda al lector que la construcción, código y videos de todos los robots propuestos en este libro, son descritos en detalle y pueden descargarse desde la página de internet de este libro.

4.1 ROBOT AVANCE Y GIRO

Este proyecto inicial es muy sencillo consiste en manejar los motores del Lego, por un tiempo definido, el robot se desplaza hacia adelante, gira en su propio eje algunos segundos, Figura 4.1, se mueve hacia atrás, nuevamente gira en su propio eje y por último se detiene, Figura 4.2, vuelve a repetir el proceso mientras que el botón escape del ladrillo no se presione.

El objetivo principal de este proyecto es que el lector conozca de manera básica la forma de programar en LeJOS EV3 mediante el entorno de desarrollo integrado *Eclipse*.

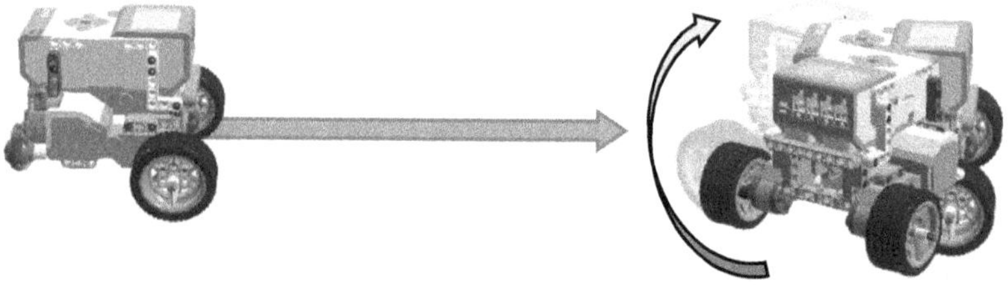

Figura 4.1. Comportamiento del robot avanza y gira

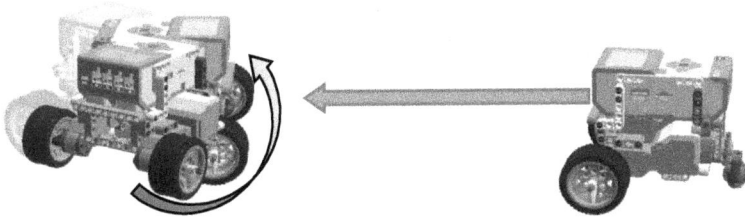

Figura 4.2. Robot avanza hacia atrás, gira y se detiene

4.1.1 Reglas de comportamiento

El robot comienza a desplazarse hacia el frente una vez que inicia el programa por 3 segundos, gira en su propio eje por 4 segundos a una velocidad de 100 y -100 para los motores B y C respectivamente, transcurrido el tiempo el robot se mueve en reversa a una velocidad de 70 por 3 segundos, vuelve a girar en su propio eje, se detiene un segundo y repite lo anterior mientras que no se presione el botón escape del ladrillo, ya que esta condición termina el programa.

4.1.2 Pseudocódigo

```
 1   crear el objeto motor para el puerto B
 2   crear el objeto motor para el puerto C
 3
 4   Función avanz
 5   inicio
 6       mostrar en pantalla "Avanzar"
 7       motorB ← 70
 8       motorC ← 70
 9       retardo de 3 segundos
10   fin
11
12   Función retrocede
13   inicio
14       mostrar en pantalla "Retrocede"
15       motorB ← -70
16       motorC ← -70
17       retardo de 3 segundos
18   fin
19
20   Función gira
```

```
21 inicio
22    mostrar en pantalla "Girar "
23    motorB ← 100
24    motorC ← -100
25    retardo de 3 segundos
26 fin
27
28 Función stop
29 inicio
30    mostrar en pantalla "  Alto    "
31    motorB ← 0
32    motorC ← 0
33    retardo de 1 segundo
34 fin
35
36 Principal
37 inicio
38    Mostrar en pantalla "esc  PARA SALIR... "
39    Mientras  botón escape no esté presionado
40    inicio
41        avanza
42        gira
43        retrocede
44        gira
45        stop
46    fin
47 fin
```

4.1.3 Explicación del programa

Como se manejó en el capítulo anterior, también para el lenguaje de programación *Java* como en muchos otros, se inicia con la importación de las clases que contienen los métodos que usaremos.

```
import lejos.hardware.Button;
import lejos.hardware.lcd.LCD;
import lejos.hardware.motor.UnregulatedMotor;
import lejos.hardware.port.MotorPort;
import lejos.utility.Delay;
```

Como puede observar tenemos una lista considerable de clases, *como Button, LCD*, motor, *MotorPort* y *Delay,* las cuales se explican a continuación.

▼ *Button:* Clase diseñada con los estados (arriba / abajo) y los eventos (presionado / liberado) por lo que se puede conocer si un botón del ladrillo está presionado o ya fue liberado, los botones son, escape, arriba, abajo, izquierda, derecha.

▼ *LCD:* Proporciona acceso a la pantalla del ladrillo, permitiendo realizar las operaciones básicas. Para más información consulte la API.

▼ *UnregulatedMotor:* Esta clase hereda de la clase *BasicMotor*, que permite la abstracción de las operaciones básicas del motor, e implementa la clase abstracta *EncodeMotor* que es una interfaz independiente de la plataforma para un motor no regulado.

▼ *MotorPort:* Interfaz que permite la abstracción de un puerto de salida EV3. (Puertos A, B, C, D).

▼ *Delay:* Clase que permite realizar un retardo en las rutinas que no se pueden interrumpir, que pueden ser en milisegundos, nanosegundos y microsegundos.

Una vez explicadas las clases que se incluyen en el proyecto se vuelve trivial la explicación del código.

La Clase que se crea será llamada *avanzaGira* en donde se tienen cuatro métodos que corresponden a las acciones que realizará el robot.

Inicialmente se crean los objetos para el uso de los motores en este caso el motor B y motor C.

```
public class avanzaGira {
    public static UnregulatedMotor motorB = new
                        UnregulatedMotor(MotorPort.B);
    public static UnregulatedMotor motorC = new
                        UnregulatedMotor(MotorPort.C);
```

El método avanza muestra en pantalla la leyenda "Avanza" y los motores se mueven a una velocidad de 70 % con dirección hacia adelante, tendrá un retardo de 3 segundos los cuales permiten que el robot se mantenga realizando las acciones de desplazarse hacia el frente mientras transcurre el tiempo.

```
public static void Avanza (){
    LCD.drawString(" Avanzar ", 4, 4);
    motorB.setPower(70);
    motorC.setPower(70);
```

```
        motorB.forward();
        motorC.forward();
        Delay.msDelay(3000);
    }
```

Los métodos *retrocede*, *gira* y *stop* muestran su mensaje en la pantalla y los motores se desplazan en sentido contrario para el retrocede, se mueven en sentido contrario el motor B del C en el método *gira*, lo que permite que el robot gire en su propio eje y en *stop* la velocidad será de 0 por un segundo.

```
public static void retrocede(){
    LCD.drawString("Retrocede", 4, 4);
    motorB.setPower(-70);
    motorC.setPower(-70);
    Delay.msDelay(3000);
}

public static void gira(){
    LCD.drawString(" Girar  ", 4, 4);
    motorB.setPower(100);
    motorC.setPower(-100);
    Delay.msDelay(4000);
}
public static void stop(){
    LCD.drawString(" Alto   ", 4, 4);
    motorB.stop();
    motorC.stop();
    Delay.msDelay(1000);
}
```

Por último, tenemos el menú principal en el que mediante un ciclo que se detiene cuando se presiona el botón escape del ladrillo, permite que el robot se encuentre realizando los métodos antes explicados.

```
public static void main(String[] args) {
    System.out.println("esc  PARA SALIR... ");
    while(!Button.ESCAPE.isDown()){
        Avanza();
        gira();
        retrocede();
        gira();
        stop();
    }
  }
}
```

El usuario puede experimentar cambiando el botón, y el evento de este, cambiar los valores de los motores, o sustituir instrucciones, mostrar otros mensajes en pantalla, etc.

4.2 ROBOT ODÓMETRO

Una característica interesante de los servomotores que tiene el EV3, es que poseen sensores de posición *encoders* que pueden proporcionar información para deducir posición, velocidad, aceleración, ángulo de su posición, y en consecuencia determinar cuánto y que tan rápido ha rotado, entre otras cosas.

Con esta información se puede medir la distancia recorrida del robot móvil. Sin embargo, y debido a que el EV3 no contempla funciones específicas o dedicadas directamente a la obtención de medidas en alguna unidad métrica en específico, es necesario deducirla indirectamente mediante el número de vueltas (RPM) que ha dado sus servomotores. En este proyecto, se define la unidad de medida, inicialmente, la cual se utiliza como base para calcular todas las mediciones. Esta unidad de medida debe poder ajustarse a diferentes sistemas métricos y también a diferentes unidades métricas, así entonces, será posible obtener la distancia en centímetros, metros o múltiplos de metro, pies, millas, es decir en el sistema de medidas que se desee.

Acorde con lo anterior se asigna la unidad de medida en centímetros. Posteriormente el robot comenzará a medir usando siempre como base la unidad de medida definida previamente. La Figura 4.3 muestra el comportamiento del *robot odómetro*.

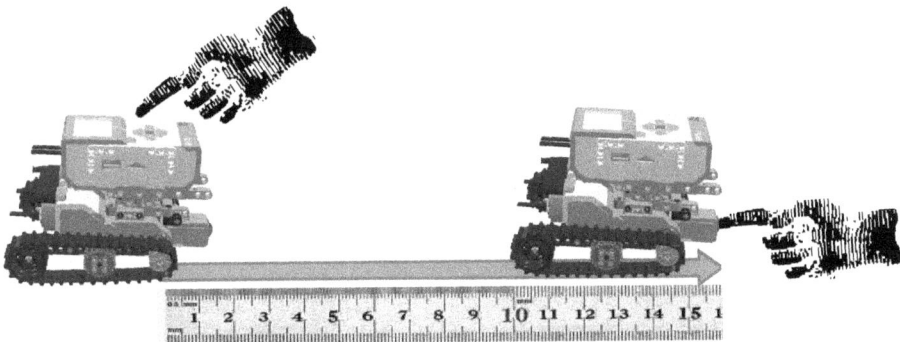

Figura 4.3. Comportamiento del Robot Odómetro

4.2.1 Reglas de comportamiento

Inicialmente el robot está en espera de que se presione cualquier tecla del robot para comenzar a moverse al frente y medir la distancia.

Una vez presionada la tecla los motores se encienden e inicia a visualizarse en la pantalla el valor de la distancia recorrida en centímetros.

Mientras que el sensor touch no se encuentre presionado el robot seguirá avanzando, cuando se presione el sensor touch el robot se detiene y visualiza el total de la distancia recorrida por 5 segundos antes de terminar.

La circunferencia de la rueda usada en este modelo tiene una longitud de 10 cm, los cuales equivalen a 35 revoluciones por minuto (tacómetro del motor).

4.2.2 Pseudocódigo

```
1   clase Odómetro
2   Principal
3   inicio
4       Crear el objeto motorB para el puerto B
5       Crear el objeto motorC para el puerto C
6       Crear el objeto sensor touch en el puerto S1
7       TouchAdapter touch = new TouchAdapter(touchSensor);
8         rpm ← 0
9       mostrar en pantalla  "PRESIONE UNA TECLA PARA INICIAR"
10      encender luz del teclado del robot en naranja
11      sonido de beep.
12      Mantenerse en espera hasta que se presione una tecla.
13      reiniciar las rpm del motorB
14      reiniciar  las rpm del motorC
15      Limpiar pantalla
16      Mientras( touch no esté presionado)
17      inicio
18         motorB ← 70
19         motorC ← 70
20         rpm ←  obtener las rpm del motor B
21         mostrar en pantalla    rpm/35
22      fin
23      detener motor B
24      detener motor C
25      sonido de beep
26      retardo de 5 segundos
27  fin
```

4.2.3 Explicación del programa

Un programa en java mediante eclipse, debe contener siempre los siguientes tres puntos:

1. Indicar el paquete donde se encuentra la clase.
2. Listar las clases que contienen los métodos que se van a utilizar.
3. El inicio de la clase.

Esto se establece en el momento de crear el proyecto y la clase, por tanto, no es necesario teclearlo, ya que aparece de forma automática.

Existen muchos métodos creados, (consultar la API y la PC API de leJOS), simplemente se necesita especificar el nombre del paquete que contiene la clase. Si son muchas clases las que se necesitan, para evitar escribir todas, se utiliza el '*' en la última parte, esto indica que todas las clases que dependan de leJOS se van a utilizar, o bien puede listar solo la que se utilizará como se verá a continuación.

Se inicia con la importación de las clases que contienen los métodos que usaremos. Como puede observar tenemos una lista considerable de clases. Entre las cuales se encuentra el sensor de contacto (*touch*), los motores, *LCD*, adaptador de puerto, sonido etc.

```
import lejos.hardware.motor.*;   //Manejo de motores
import lejos.hardware.port.*;    //Manejo de puerto de motor
import lejos.utility.Delay;
import lejos.hardware.*;               //Manejo de sonido
import lejos.hardware.lcd.LCD; //Manejo de LCD
import lejos.robotics.TouchAdapter;
import lejos.hardware.port.SensorPort;
import lejos.hardware.sensor.EV3TouchSensor;
```

La línea siguiente corresponde a la clase que creo y su nombre debe ser igual al nombre del archivo, todo lo que realiza la clase debe estar entre las llaves, (dentro de esta clase se pueden crear varios métodos los cuales se verán posteriormente).

```
public class Odometro {
```

Para este proyecto inicial, se realizan todas las instrucciones en el menú principal. Dentro de este menú, es necesario crear los objetos correspondientes a los motores B y C que se utilizarán.

```
public static void main(String[] args) {
// Crear dos objetos de control de motor.
```

```
UnregulatedMotor motorB = new UnregulatedMotor(MotorPort.B);
UnregulatedMotor motorC = new UnregulatedMotor(MotorPort.C);
```

Las líneas siguientes son usadas para instanciar la clase del sensor touch e indicar el puerto al que se encuentra conectado.

```
final EV3TouchSensor touchSensor = new EV3TouchSensor
(SensorPort.S1);
TouchAdapter touch = new TouchAdapter(touchSensor);
```

La variable *rpm* es necesaria para almacenar en ella el retorno de la función del encoder.

```
int rpm = 0;
```

Los mensajes en pantalla presentan el mensaje que desee o bien, si el lector lo considera necesario puede omitirlos. En esta práctica son de utilidad para mostrar indicaciones, se espera que se presione una tecla para iniciar a medir la distancia, mediante la clase *Button* se indica el tablero del EV3.

```
LCD.drawString("PRESIONE UNA", 1, 1);
LCD.drawString("TECLA PARA", 1, 2);
LCD.drawString("INICIAR", 1, 3);
//enciende luz del teclado en color naranja
Button.LEDPattern(3);
//emite sonido.
Sound.beepSequenceUp();
//esperar a que se presione una tecla
Button.waitForAnyPress();
```

Para evitar errores es recomendable poner a cero el contador de RPM en cada motor (B y C).

```
motorB.resetTachoCount();
motorC.resetTachoCount();
LCD.clear();        //limpiar pantalla
```

Se repiten el ciclo mientras el botón touch no se encuentre presionado. Dentro del ciclo se fija en 70 la velocidad a la que se moverán los motores B y C, se obtiene el valor del *encoder* y antes de mostrar en la pantalla el valor obtenido se divide entre 35, que corresponde a la cantidad de revoluciones por minuto que devuelve el *encoder* cuando ha dado una vuelta completa la rueda.

```
while(!touch.isPressed())
{
    motorB.setPower(70);
```

```
        motorC.setPower(70);
        rpm = motorB.getTachoCount();
        LCD.drawString("Distancia", 4, 2);
        LCD.drawInt(rpm/35, 8, 5);
    }
```

Por último, detenemos los motores se emite un sonido, el retardo permite observar en pantalla la distancia final recorrida por el robot y liberan los objetos.

```
        motorB.stop();
        motorC.stop();
        Sound.beepSequence();
        Delay.msDelay(3000);
        motorB.close();
        motorC.close();
    }
}
```

4.3 ROBOT SIGUE LÍNEA

En este proyecto el objetivo es que el robot siga una línea negra, dicha línea esta sobre una superficie clara, y el trazo puede ser curvo o recto. Lo anterior se logra mediante el uso del sensor de luz (*light sensor*). Con este sensor se verifica en todo momento el valor que arroja, después con este valor se determina si el robot debe avanzar, parar, retroceder o girar, de forma tal que siempre se esté sobre la línea negra. El comportamiento del robot seguidor de líneas se observa en la Figura 4.4.

Básicamente si el robot llegará a perder la línea negra debe buscar hacia ambos lados. El sensor de color utiliza el modo RGB e identifica los colores, debido a esto se selecciona la opción de modo ambiental, se pide identifique el color que lee, como el valor 1 corresponde al valor negro realizaremos los cálculos basado en este valor, cabe aclarar que existen formas nuevas y mejores para realizar el *Sigue Linea* con un resultado más eficiente, para los que se usan otros lenguajes de programación. Se recomienda al lector realizar sus propias pruebas.

Figura 4.4. Robot Sigue Linea

4.3.1 Reglas de comportamiento

Si el valor leído por el sensor es mayor o igual a uno y menor que seis entonces se encuentra dentro de la línea negra, el robot avanzará a velocidad de 200, sino si el valor leído por el sensor de color es mayor que 5 entonces rotar hacia la derecha 3 grados, sino entonces rotar a la izquierda 3 grados para encontrar la línea negra, el comportamiento se repite mientras que no se presione la tecla escape del ladrillo.

4.3.2 Pseudocódigo

```
 1  SigueLinea
 2  inicio
 3
 4  Crear objeto colorSensor de tipo sensor de color EV3
 5
 6  Crear objeto motorB para el sensor B
 7  Crear objeto motorC para el sensor C
 8
 9  Principal
10  inicio
11      Crear un objeto SigueLinea
12  fin
13
14  SigueLinea
15  inicio
16      puerto  s3 ← obtener el puerto S3 del ev3
17      colorSensor ← objeto nuevo de tipo EV3 Sensor de color
18      colorSensor ← modo ambiental
19      colorSensor  ← fijar luz reflejada
20
21      mientras  botón escape no es presionado
22      inicio
23         mostrar en pantalla  el valor del color identificado
24            lectura ←  obtener el valor del color identificado
25            si (lectura >= 1 y lectura <= 5)
26            inicio
27                motorB ← 100
28                motorC ← 100
29            fin
30         sino si(lectura > 1)
```

```
31            si ( band = falso )
32            inicio
33                motorB ← rotar 3 grados
34                band ← verdadero
35            fin
36            else
37            inicio
38                motorC ← rotar -3 grados
39                band ← falso
40                fin
41        fin
42        detener el sensor de color
43        fin
44 fin
```

4.3.3 Explicación del programa

Como en los proyectos anteriores se comienza con la importación de las clases a utilizan para desarrollar la práctica. En este proyecto usaremos otra manera de crear los objetos de los motores con *EV3LargeRegulatedMotor*, emplearemos el *EV3ColorSensor* para el uso del sensor de color.

```
import lejos.hardware.Button;
import lejos.hardware.ev3.LocalEV3;
import lejos.hardware.motor.EV3LargeRegulatedMotor;
import lejos.hardware.port.*;
import lejos.hardware.sensor.EV3ColorSensor;
import lejos.robotics.SampleProvider;
```

Dentro de la clase, tenemos la declaración de las instrucciones correspondientes al uso del sensor de color y los sensores para los motores B y C.

```
public class SigueLinea {

static EV3ColorSensor colorSensor;
SampleProvider colorProvider;

static EV3LargeRegulatedMotor motorB = new EV3LargeRegulatedMotor(MotorPort.B);
static EV3LargeRegulatedMotor motorC = new EV3LargeRegulatedMotor(MotorPort.C);
```

En el programa principal realizaremos el comportamiento de nuestro robot. Aquí indicamos el puerto que se usará para el sensor, S3, se activa el modo ambiente.

Dentro de un ciclo que termina cuando se presiona la tecla escape del ladrillo, se realiza la lectura del sensor de color, se compara el valor.

```java
public static void main(String[] args) {
   int lectura;
   boolean band = false;

   Port s3 = LocalEV3.get().getPort("S3");
   colorSensor = new EV3ColorSensor(s3);
   colorSensor.getAmbientMode();
   colorSensor.setFloodlight(true);


   while(Button.ESCAPE.isUp()){
       System.out.println("COLOR "+
 colorSensor.getColorID());
       lectura = colorSensor.getColorID();
```

Si el valor leído está en el rango de valores de 1 a 5, el robot se moverá hacia el frente a velocidad constante, si la lectura del sensor arroja un valor mayor a 5 entonces, el robot rotará 3 grados a la derecha o 3 grados a la izquierda para encontrar la línea negra; si no encuentra la línea negra rotará hasta encontrarla.

```java
       if(lectura >= 1 && lectura <= 5){
              motorB.setSpeed(300);
              motorC.setSpeed(300);
              motorB.forward();
              motorC.forward();
       }
       else if(lectura > 1)
              if (!band){
                  motorB.rotate(3);
                  band = true;
              }else{
                  motorC.rotate(-3);
                  band = false;
              }
       }
   colorSensor.close();
 }
```

Por último, se cierra la conexión con el sensor de color para que este deje de tomar lecturas.

4.4 ROBOT SEGUIDOR DE TRAYECTOS

Con este proyecto el robot avanzará hacia un punto o posición y una vez alcanzada, se dirigirá hacia la siguiente posición y así sucesivamente hasta alcanzar la última posición (Figura 4.5). Para ello se utilizará la clase *MovePilot, waypoint* y las herramientas del paquete de navegación disponible para la plataforma de LeJOS.

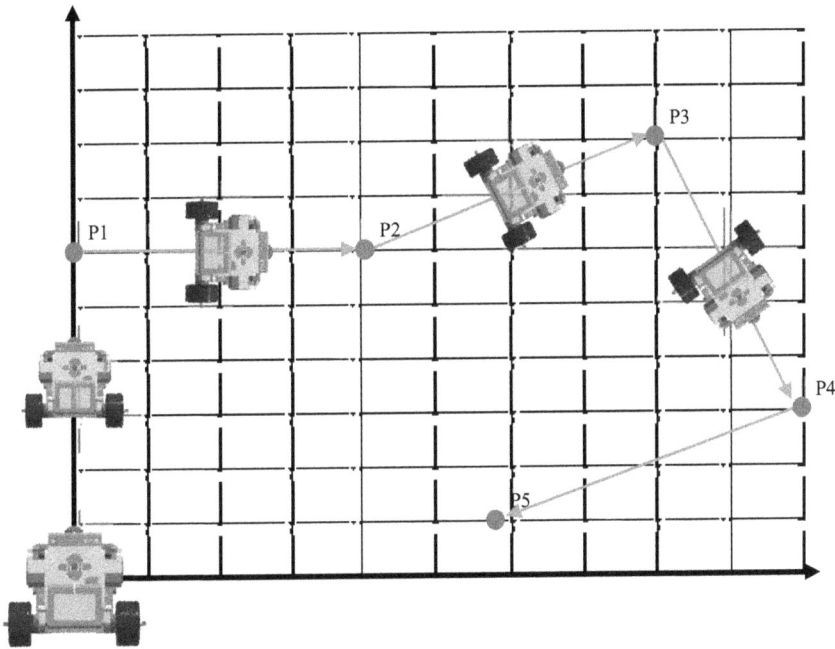

Figura 4.5. Comportamiento Robot Seguidor de Trayectos

4.4.1 Reglas de comportamiento

Se asignan cinco coordenadas por donde deberá pasar el robot, este avanza hacia la primera coordenada, y así sucesivamente hasta la última coordenada mostrando siempre en la pantalla del robot el valor de posición.

El programa permite al robot navegar a través de una secuencia de puntos propuestos, marcando la trayectoria, sin la necesidad de emplear comandos de rotación y giro para alcanzar cada coordenada, la navegación del robot hacia cada punto se calcula mediante una función que usa las coordenadas en el eje de X y en el eje de Y por cada punto asignado.

El programa ilustra además el uso de la clase *OdometryPoseProvider,* la cual permite obtener información sobre la ubicación del robot a través del uso de la odometría.

4.4.2 Pseudocódigo

```
1   clase PilotoTrayecto
2       Crear objeto motorB, motorC para los puertos B y C
3       principal
4       inicio
5           ev3brick ← EV3
6           buttons ← esperar a presionar tecla
7           wheel1 ← LEFT_MOTOR, 3,-4.5
8           wheel2 ← RIGHT_MOTOR,3,4.5
9           crear objeto chasis
10          pilot ← crear piloto
11          Navtest ← inicia
12          navtest ← agregar punto (0, 0)
13          navtest ← agregar punto (0, 20)
14          navtest ← agregar punto (20, 20)
15          navtest ← agregar punto (40,-40)
16          navtest ← agregar punto (0,-40)
17          navtest ← seguir secuencia de puntos
18          mientras (esta en movimiento)
19          inicio
20              wpts ← obtener punto siguiente
21              limpiar pantalla
22              pantalla "mover a "
23          fin
24          pantalla "presiona un botón para terminar"
25      fin
26  fin
```

4.4.3 Explicación del programa

A continuación se presenta la primer parte del código propuesto:

```
import lejos.hardware.BrickFinder;
import lejos.hardware.Keys;
import lejos.hardware.ev3.EV3;
```

```
import lejos.hardware.lcd.LCD;
import lejos.hardware.motor.EV3LargeRegulatedMotor;
import lejos.hardware.port.MotorPort;
import lejos.robotics.chassis.Chassis;
import lejos.robotics.chassis.Wheel;
import lejos.robotics.chassis.WheeledChassis;
import lejos.robotics.localization.OdometryPoseProvider;
import lejos.robotics.navigation.*;
```

En las líneas anteriores se establecen los paquetes necesarios para programar el robot, entre estas se explicará con más detalle las clases del paquete *navigation* y *localization*:

▼ *MovePilot:* La clase *Pilot* es una abstracción de software del mecanismo Piloto de un robot. Contiene métodos para controlar los movimientos del robot: recorra hacia delante o hacia atrás en línea recta o circular o gire hacia una nueva dirección. Esta clase funcionará con cualquier chasis.

▼ *Waypoint:* Permite crear una serie de puntos coordenados que el robot puede utilizar en su navegación.

▼ *Chassis:* Interfaz pública que representa el chasis de un robot, el chasis proporciona un sistema de control para la conducción de un robot móvil. Debe crearse anterior al uso de esta clase los objetos *Wheel:*

▼ *Navigator*: Esta clase permite al robot desplazarse a través de un camino especificado, como puede ser en este caso una secuencia de puntos coordenados (*waypoints*).

▼ *Pose:* Permite representar la localización y orientación (dirección del ángulo) de un robot. Esta incluye además una serie de métodos que permiten actualizar la posición del robot en respuesta de los movimientos realizados por el mismo (odometría).

▼ *OdometryPoseProvider:* Esta clase permite actualizar en forma constante la posición del robot.

Ahora analizaremos el código de la clase *PilotoTrayecto* por partes:

Iniciamos con la creación de los objetos para usar los motores especificando el puerto. Se crea el objeto *LEFT_MOTOR* y *RIGHT_MOTOR* de tipo *EV3LargeRegulatedMotor* para los puertos b y c respectivamente, que son la abstracción del motor largo del EV3.

```
public class PilotoTrayecto {
   static EV3LargeRegulatedMotor LEFT_MOTOR = new
EV3LargeRegulatedMotor(MotorPort.B);
   static EV3LargeRegulatedMotor RIGHT_MOTOR = new
EV3LargeRegulatedMotor(MotorPort.C);
```

En el principal tenemos un objeto de tipo interfaz EV3 que corresponde a la abstracción del ladrillo. Se crean los objetos para las llantas llamados *wheel1* y *wheel2* donde es necesario conocer el diámetro de la rueda y la distancia entre estas, mediante los *wheel* se crea el chasis que será usado para el mecanismo de piloto del robot.

```
public static void main(String[] args) throws Exception {
   EV3 ev3brick = (EV3) BrickFinder.getLocal();
   Keys buttons = ev3brick.getKeys();
   buttons.waitForAnyPress();

   Wheel wheel1 = WheeledChassis.modelWheel
                    (LEFT_MOTOR, 3).offset(-4.5);
   Wheel wheel2 = WheeledChassis.modelWheel
                    (RIGHT_MOTOR, 3).offset(4.5);
   Chassis chassis = new
      WheeledChassis(new Wheel[] {
         wheel1, wheel2
      },WheeledChassis.TYPE_DIFFERENTIAL);

   MovePilot pilot = new MovePilot(chassis);
   OdometryPoseProvider poseP = new
         OdometryPoseProvider(pilot);
```

El robot usará el objeto de tipo *Navigator (navtest)* para seguir la secuencia de puntos y seguir la ruta de movimientos establecida posteriormente.

```
   Navigator navtest = new Navigator(pilot);

   pilot.addMoveListener(poseP);
   Waypoint wpNav = new Waypoint (0, 0);
   navtest.goTo(wpNav);
```

Posteriormente, se procede a especificar el conjunto de puntos que el robot utilizará para realizar su recorrido.

```
   navtest.addWaypoint(new Waypoint(0, 20));
   navtest.addWaypoint(new Waypoint(20, 20));
   navtest.addWaypoint(new Waypoint(40,40));
   navtest.addWaypoint(new Waypoint(40,-40));
```

```
navtest.addWaypoint(new Waypoint(0,-40));
```

addWaypoint (new Waipoint) permite añadir una nueva coordenada a un arreglo de puntos (*waypoints*). Los puntos son agregados al arreglo siempre en el mismo orden en que son declarados (para este caso se establecen únicamente cinco puntos, aunque el usuario es libre de establecer tantos puntos como crea conveniente).

Por otra parte *followPath*() concatena el arreglo de puntos establecido por el usuario y forma el camino que el robot deberá seguir.

```
navtest.followPath();
```

Se crea la variable *wpts* para obtener el punto en el que se encuentra, mediante un ciclo que termina cuando el robot deja de moverse, se obtiene cada punto y se muestra en pantalla el valor.

```
Waypoint wpts;
while(navtest.isMoving()) {
    wpts = navtest.getWaypoint();
    LCD.clear();
    System.out.println("Moving to: ");
    System.out.println(wpts);
}
```

Por último, las líneas posteriores tiene la función de desplegar en el *display LCD* la información de los desplazamientos y posición final del robot mediante la función *getPose*.

```
Pose poseC = poseP.getPose();
    LCD.clear();
    System.out.println("Final pose is:");
    System.out.println(poseC);
    System.out.println("Any button to halt");
    buttons.waitForAnyPress();
    }
  }
```

4.5 ROBOT CONTROLADO POR INFRARROJO

En este proyecto el ladrillo recibirá órdenes del transmisor IR por medio del infrarrojo usado como control, el robot se moverá con acciones diferentes como ir hacia adelante, atrás, giro a la izquierda, giro a la derecha, girar en su propio eje y detenerse, cuando se presionan los botones. También se creará una pantalla de instrucciones al inicio del programa en donde se hace uso de los gráficos.

Para realizar el comportamiento empleamos el sensor infrarrojo y el transmisor IR (baliza) ambos conectados entre sí por medio del canal 2, la Figura 4.6 muestra el comportamiento. Recuerde que el alcance del transmisor IR es de hasta 2 m aproximadamente.

Figura 4.6. Comportamiento Robot controlado por infrarrojo

4.5.1 Reglas de comportamiento

El robot se encuentra detenido y en la pantalla aparece la descripción de la práctica, al final dos recuadros que representan los botones del ladrillo *escape* y *enter* respectivamente.

Si se presiona el botón *escape* del ladrillo equivale al *QUIT* que aparece en la pantalla, el programa terminara, si se presiona el botón *enter* equivalente al *GO* en la pantalla el programa iniciara, limpiando la pantalla y aparecerá la leyenda EV3 CONTROL IR y debajo la instrucción correspondiente al botón del transmisor IR que se presione, si no se ha presionado ninguno, por defecto mostrará:

```
EV3 CONTROL IR
      STOP
```

Una vez que se comienza a presionar los botones del transmisor IR , el robot realizará acciones según el valor obtenido del botón presionado. Cada botón tiene un correspondiente valor que se muestra en la Tabla 4.1

Botón	Valor
Top-left	1
left	2
Top-right	3
right	4
Top-left + top-right	5
Top-left + right	6
Left + top-right	7
Left + right	8
Centre/beacon	9
Left + top-left	10
Top-right + right	11

Tabla 4.1. Botones del transmisor IR

Por tanto, se evalúa el número recibido por medio del sensor infrarrojo.

▼ Si el valor es igual a 1 el robot gira 25 grados en sentido inverso a las manecillas del reloj.

▼ Si el valor es igual a 3 el robot gira 25 grados en sentido a las manecillas del reloj.

▼ Si el valor es igual a 5 el robot avanza con sentido al frente.

▼ Si el valor es igual a 6 o 7 el robot gira en su propio eje.

▼ Si el valor es igual a 8 el robot se mueve en reversa en línea recta.

▼ Si el valor es igual a 9 se detiene.

Se pueden utilizar todos los valores creando un comportamiento diferente para cada uno, el lector puede experimentar usar todas las combinaciones.

4.5.2 Pseudocódigo

```
1  Crear el objeto motorB para el puerto B
2     Crear el objeto motorC para el puerto C
3     Crear la rueda para el motorB y para el motorC
4     Crear el piloto
5  Función instrucciones
```

```
 6  inicio
 7      pantalla ← "EV3 RemotoIR"
 8      pantalla ← tamaño de fuente pequeña
 9      pantalla ← "Baliza usando el canal 2 por defecto mediante un vehículo
        con piloto control independiente motores conectados en los puertos B y C
        infrarrojo conectado en el puerto 4"
10      crear la Figura del botón QUIT
11      crear el cuadrado del botón GO
12      btn ← botón presionado
13      retornar btn
14  fin_Instrucciones
15
16  Principal
17  inicio
18      ir ← sensor infrarrojo conectado en S4
19      ir ← modo detecta baliza
20      boton ← instrucciones
21      if(boton = 2)
22         comman ← obtener comando de baliza, canal 2
23         mientras(botón escape no esté presionado)
24            limpiar pantalla
25            pantalla ← "EV3 CONTROL IR"
26            comman ← obtener comando de baliza, canal 2 según_sea(comman){
27         caso 1:pantalla ← "GIRA IZQ"
28            piloto ← gira 25 grados
29            salir
30         caso 3:pantalla ← " GIRA DERECHA"
31            piloto ← gira -25 grados
32         salir
33         caso 5:Pantalla ← "AVANZA FRENTE "
34         piloto ← 100
35            salir
36         caso 6: Pantalla ← "GIRA EN PROPIO EJE"
37            motorC ← -1000              motorB ← 1000
38         salir
39         caso 7:Pantalla ← "GIRA EN PROPIO EJE "
40            motorC ← 1000               motorB ← -1000
41         salir
42         caso 8:Pantalla ← "REVERSA"
43            piloto ← -100
44         salir
45         caso 9:Pantalla ← " STOP "
46            piloto ← stop
47         salir
48         fin_segun_sea
```

```
49    fin_mientras
50    sino si(botón = 32)
51            Terminar programa
52 Fin_principal
```

4.5.3 Explicación del programa

Iniciamos la descripción del código con la importación de las clases que se utilizarán para este proyecto, algunas de las cuales ya han sido usadas y explicadas en prácticas anteriores.

```
import lejos.hardware.Button;
import lejos.hardware.ev3.LocalEV3;
import lejos.hardware.lcd.*;
import lejos.hardware.motor.EV3LargeRegulatedMotor;
import lejos.hardware.port.*;
import lejos.hardware.sensor.EV3IRSensor;
import lejos.robotics.chassis.*;
import lejos.robotics.navigation.MovePilot;
```

Se crea la clase llamada *remotoIR* donde sus atributos serán *motorB*, *motorC* de tipo *EV3LargeRegulatedMotor* que como hemos visto anteriormente corresponde a la abstracción del motor largo del EV3. Se crean los objetos *wheel1 y wheel2* para la abstracción del *chasis* ya que usaremos la clase *MovePilot* por tanto para el *piloto* necesitamos conocer la circunferencia de la rueda y la distancia entre una rueda y otra. Se crea el objeto *ir* de tipo sensor infrarrojo EV3 (*EV3IRSensor*).

```
public class remotoIR{
    static EV3LargeRegulatedMotor motorB =  new
                    EV3LargeRegulatedMotor(MotorPort.B);
    static EV3LargeRegulatedMotor motorC = new
                    EV3LargeRegulatedMotor(MotorPort.C);
    static Wheel wheel1 =
            WheeledChassis.modelWheel(motorB,3).offset(-4.5);
    static Wheel wheel2 =
            WheeledChassis.modelWheel(motorC, 3).offset(4.5);
    static Chassis chassis = new WheeledChassis(new
                Wheel[] { wheel1, wheel2 },
                WheeledChassis.TYPE_DIFFERENTIAL);
    final static MovePilot pilot = new MovePilot(chassis);
    public static int canal, comman;
    static EV3IRSensor ir;
```

Para esta práctica se crea una función con información sobre esta, donde el lector puede observar el uso de líneas para crear Figuras en la pantalla así como cambiar el tamaño de la letra ajustándola a las necesidades.

Se crea un objeto de tipo *GraphicsLCD* que nos ayudará a manipular lo que mostraremos. Con el *setFont* se indica que usaremos un tamaño de letra pequeño.

```
static int instrucciones(){
   GraphicsLCD pantalla = LocalEV3.get().getGraphicsLCD();
   pantalla.drawString("EV3 RemotoIR", 5, 0, 0);
   pantalla.setFont(Font.getSmallFont());
pantalla.drawString("Baliza usando el canal", 2, 20, 0);
   pantalla.drawString("2 por defecto.", 2, 30, 0);
   pantalla.drawString("mediante un vehículo con piloto",
                       2, 40, 0);
   pantalla.drawString("control independiente", 2, 50, 0);
   pantalla.drawString("motores conectados ", 2, 60, 0);
   pantalla.drawString("en los puertos B y C", 2, 70, 0);
   pantalla.drawString("infrarrojo conectado ", 2, 80, 0);
   pantalla.drawString("en el puerto 4.", 2, 90, 0);
```

En las instrucciones siguientes se dibuja mediante líneas el botón *escape*.

```
   pantalla.setFont(Font.getSmallFont());
   pantalla.drawString("QUIT", 9, 107, 0, false);
   pantalla.drawLine(0, 100,  45, 100);
   pantalla.drawLine(0, 100,  0, 119);
   pantalla.drawLine(45, 100,  45, 111);
   pantalla.drawLine(3, 122,  35, 122);
   pantalla.drawLine(45-10, 122, 45, 111);
   pantalla.drawArc(0, 116, 6, 6, 180, 90);
```

Aquí es donde se crea el cuadrado que será el botón *enter*.

```
   pantalla.fillRect(55, 100, 22, 22);
   pantalla.drawString("GO", 60, 107, 0,true);
```

Se espera a que sea presionado algún botón del ladrillo para iniciar, el valor obtenido se envía al principal.

```
   int btn = Button.waitForAnyPress();
   pantalla.clear();
   return btn;
}
```

En el principal se crea el objeto de tipo sensor infrarrojo, se toman los valores que envía el control, se llama la función instrucciones y se evalúa su retorno.

```
public static void main(String[] args){

    EV3IRSensor ir = new EV3IRSensor(SensorPort.S4);
    canal = ir.IR_CHANNELS;
    ir.getSeekMode();
    comman = ir.getRemoteCommand(1);
    int boton = instrucciones();
```

Si el retorno de la función instrucciones es igual a 2 se inicia el ciclo que terminará una vez que se presione el botón escape del ladrillo.

```
if(boton == 2){
    comman = ir.getRemoteCommand(1);
    while(!Button.ESCAPE.isDown()){
        LCD.clear();
        LCD.drawString("EV3 CONTROL IR", 2, 2);
        comman = ir.getRemoteCommand(1);
```

La instrucción según sea (*switch*) evalúa los valores recibidos, girando a la izquierda si recibe 1, girando a la derecha si recibe 2, avanzando hacia adelante si recibe 5, gira en su propio eje si recibe 6 o 7, moverse hacia atrás o en reversa si se recibe 8 y detenerse si es un 9.

```
switch(comman){
case 1:LCD.drawString("GIRA IZQ", 2, 4);
    pilot.setLinearSpeed(100);
    pilot.rotate(25);
break;
case 3:LCD.drawString(" GIRA DERECHA", 2, 4);
    pilot.setLinearSpeed(100);
    pilot.rotate(-25);
break;
case 5:LCD.drawString("AVANZA FRENTE ", 2, 4);
    pilot.setLinearSpeed(100);
    pilot.forward();
break;
case 6:
    LCD.drawString("GIRA EN PROPIO EJE", 2, 4);
    motorC.setSpeed(-1000);
    motorB.setSpeed(1000);
    motorC.backward(); motorB.forward();
break;
```

```
        case 7:
        LCD.drawString("GIRA EN PROPIO EJE ", 2, 4);
            motorC.setSpeed(-1000);
            motorB.setSpeed(1000);
            motorB.backward(); motorC.forward();
        break;
        case 8:LCD.drawString("REVERSA", 2, 4);
            pilot.setLinearSpeed(100);
            pilot.backward();
        break;
        case 9:LCD.drawString(" STOP ", 2, 4);
            pilot.stop();
        break;
        }//switch
    }//while
```

Por último, si en el ladrillo se presionó el botón escape, el programa terminara mediante la instrucción *exit*.

```
        }else if(boton == 32){
            System.exit(0);
        }
    }//main
    }//clase
```

4.6 ROBOT EVADE OBSTÁCULOS

En este proyecto utilizaremos el sensor de infrarrojos y el sensor de contacto (*touch*) para que el robot detecte objetos evitando que se impacte con ellos por medio del infrarrojo, los evada y mediante el sensor de contacto (*touch*) detecte obstáculos al moverse en reversa.

Prácticamente nuestro sensor detectará un objeto a menos de 40 centímetros, permitiendo retroceder, es aquí donde el sensor de contacto realiza su trabajo, si en su trayectoria 'choca' con algún obstáculo, el robot lo evada mediante un giro, para luego seguir avanzando hacia el frente.

El comportamiento del robot evade obstáculos se observa en la Figura 4.7 De esta forma el robot se desplazará siempre hacia adelante, tratando de evitar los obstáculos que se presenten en su camino, una vez que se presiona el botón escape del teclado del ladrillo el programa termina.

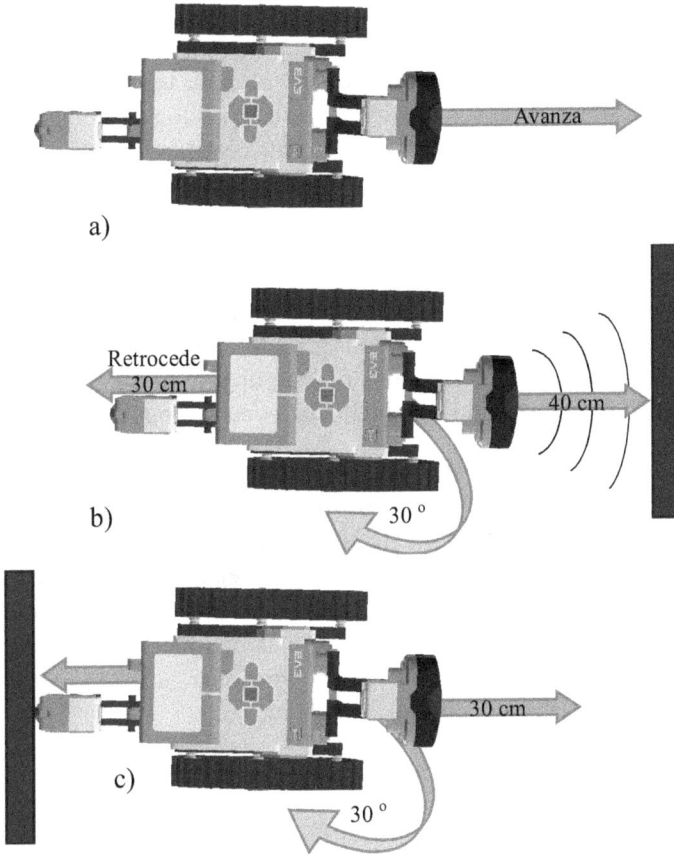

Figura 4.7. Robot evade obstáculos a) Función avanza b) Función detecta obstáculo al frente c) Función detecta obstáculo atrás

4.6.1 Reglas de comportamiento

Para obtener el comportamiento deseado es necesario definir las características del comportamiento y dividir el problema en:

Avanza, Detectar obstáculo al frente, Detectar obstáculo atrás, programa principal.

▶ *Función Avanza:* Este comportamiento toma el control cuando es llamado lo que equivale a tener el valor verdadero. Lo que realiza es encender los motores a la velocidad de 50% y mover hacia el frente el robot, mostrando en pantalla la leyenda avanzar.

▼ *Función Detectar obstáculos al frente:* Este toma el control cuando es llamado por el sensor infrarrojo que es cuando se ha detectado un objeto en un rango de aproximadamente 40 centímetros. Su comportamiento es retroceder 30 cm y rotar 30 grados para evadir el obstáculo al frente mostrando en pantalla la leyenda Frente.

▼ *Función Detectar obstáculo atrás:* Esta función toma el control una vez que mediante el sensor touch o tacto detecta que ha sido presionado, acción que se toma como verdadero. Su comportamiento será desplazar el robot hacia adelante 30 cm, realizar un giro de 30 grados para evadir el obstáculo, mostrando en pantalla la leyenda atrás.

▼ *Programa Principal:* En el programa principal realizaremos la secuencia del comportamiento, el cual será en el orden anterior, se llama primeramente la función *Avanza*, después *Detecta Objetos al frente* y por último *Detecta Objetos atrás*, se ejecutan mediante una interfaz que administra las tareas decidiendo quién tiene mayor prioridad. Para iniciar el programa se debe presionar una tecla, puede ser cualquiera, para terminar el programa se debe presionar *escape + enter* del ladrillo (las dos teclas en conjunto).

4.6.2 Pseudocódigo

```
1   clase Avanza
2   inicio
3       suprimir ← falso
4       función takeControl
5       inicio
6           retorna verdadero
7       fin
8
9       Función action()
10      inicio
11          crear objeto chassis
12          pilot ← crear piloto
13      Pantalla "Avanza"
14      suprimir ← falso
15      pilot ←   50
16          while(!suprimir)
17          inicio
```

```
18            continuar
19         fin
20         pilot ← stop
21     fin
22
23     función suppress
24     inicio
25         suprimir ← verdadero
26     fin
27 fin
28 clase DetectaObjetos
29 inicio
30     Crear objeto motorB, motorC para los puertos B y C
31
32 principal
33 inicio
34         ev3brick ← EV3
35         buttons ← leer tecla
36         b1 ← Avanza();
37         b2 ← DetectaObstaculoFrente();
38         b3 ← DetectaObstaculoAtras();
39         List ←  b1, b2, b3, b4
40         Pantalla "ESC+INTRO para SALIR"
41         buttons ← esperar tecla presionada
42     fin
43 fin
44
45 clase DetectaObstaculoAtras
46 inicio
47     crear adaptador touch
48
49     DetectaObstaculoAtras
50     inicio
51         touchSensor ← crear objeto para el puerto S1
52         touch ← crear adaptador de tipo touchSensor
53     fin
54
55 Función takeControl
56 inicio
57         retorno touch
58 fin
59
60     función action
61     inicio
62         Pantalla "Atras    "
```

```
63          pilot ← 30
64          pilot ← rotar 90 grados
65     fin
66 fin
67
68 clase DetectaObstaculoFrente
69 inicio
70
71     función DetectaObstaculoFrente
72     inicio
73          ir ← crear objeto sensor infrarrojo puerto S4
74          infrarrojo ← crear adaptador ir
75          sonar ← distancia max 40
76     fin
77
78     función takeControl
79     inicio
80          retorna infrarrojo < 40
81     fin
82
83     función action
84     inicio
85          Pantalla "Frente     "
86          Sonar ← detección de objeto falsa
87          pilot ← -30
88          pilot ← rotar 90 grados
89          sonar ← detección de objeto verdadero
90     fin
91 fin
```

4.6.3 Explicación del programa

Para la realización de este programa se utilizan las clases *MovePilot, Chassis,* que ya fueron explicadas anteriormente *y Behavior, Arbitrator* que se explican a continuación.

▼ *Behavior*: Es una interfaz, representa un objeto que incorpora un comportamiento específico perteneciente a un robot, donde cada comportamiento debe tener definido los tres puntos siguientes:

  a. Las circunstancias para hacer que *Behavior* tome el control del robot llamando al método *takeControl ()*.

b. La acción que se realizará cuando este comportamiento toma el control, conocida como el método *action ()*.

c. La forma de salir rápidamente de la acción cuando el Árbitro (*Arbitrato*r) selecciona un comportamiento de mayor prioridad para que tome el control.

Método al cual se le conoce como *suppress ()*.

▶ *Arbitrator:* Es una clase de la cual sus objetos administran un sistema de control iniciando y deteniendo comportamientos individuales, Estos objetos se almacenan en una arreglo en orden de prioridad siendo el primer elemento el de mayor prioridad y así sucesivamente.

Los objetos administradores deben realizar lo siguiente:

a. Determinar el comportamiento con más alta prioridad entre todos los que desean el control mediante el método *takeControl()*.

b. Suprimir el o los comportamientos activos en los que su prioridad sea menor que la prioridad más alta. Mediante el *suppress()*.

c. Cuando sale de un método *action ()*, llamará a otro *action ()* en el comportamiento de más alta prioridad.

Ahora que ya conocemos el comportamiento de las nuevas clases incluidas se explica el código del programa. Cabe aclarar que en este proyecto serán creadas 3 clases una por cada comportamiento y la clase principal.

Los paquetes que se importan se muestran en las líneas siguientes:

```
import lejos.hardware.BrickFinder;
import lejos.hardware.Keys;
import lejos.hardware.ev3.EV3;
import lejos.hardware.lcd.LCD;
import lejos.hardware.motor.EV3LargeRegulatedMotor;
import lejos.hardware.port.MotorPort;
import lejos.robotics.chassis. *;
import lejos.robotics.subsumption.*;
```

Se declara el motor B y el motor C dentro de la clase *DetectaObjetos* indicando el puerto donde está conectado cada motor, se crean los objetos *Wheel* correspondientes a cada motor para crear posteriormente el *Chassis* y utilizar el piloto.

```
public class DetectaObjetos {
    static EV3LargeRegulatedMotor motorB =
        new EV3LargeRegula tedMotor(MotorPort.B);
    static EV3LargeRegulatedMotor motorC =
        new EV3LargeRegulatedMotor(MotorPort.C);
    static Wheel wheel1 =
        WheeledChassis.modelWheel(motorB,3).offset(-4.5);
    static Wheel wheel2 =
        WheeledChassis.modelWheel(motorC, 3).offset(4.5);
```

En el *main* primero se crea el ladrillo EV3 para hacer uso de las teclas, enseguida se declaran los objetos **b1** de tipo *Avanza*, **b2** de tipo *DetectaObstaculoFrente*, y **b3** de tipo *DetectaObstaculoAtras*, los tres objetos anteriores corresponden a los comportamientos generados (clases). Después se forma la matriz de comportamiento de tipo *Behavior* en el que sus elementos serán en orden de prioridad los objetos declarados anteriormente, se declara la variable **arbitro** de tipo *Arbitrator*, para que este pueda seleccionar el comportamiento adecuado utilizando la matriz de comportamiento. Se imprime en pantalla las indicaciones para la terminación de la ejecución del programa y por último se indica al objeto **arbitro** que inicie.

```
public static void main(String[] args) {

        EV3 ev3brick = (EV3) BrickFinder.getLocal();
        Keys buttons = ev3brick.getKeys();

        Behavior b1 = new Avanza();
        Behavior b2 = new DetectaObstaculoFrente();
        Behavior b3 = new DetectaObstaculoAtras();
        Behavior[] behaviorList = { b1, b2, b3 };
        Arbitrator arbitro = new Arbitrator(behaviorList);

        LCD.drawString("ESC+INTRO para SALIR", 0, 4);
        buttons.waitForAnyPress();
        if (buttons.getButtons() != Keys.ID_ESCAPE)
            arbitro.go();
        else
            arbitro.stop();
    }
}
```

La clase *Avanza* corresponde al primero de los tres comportamientos para este programa, por tanto, tiene la prioridad más alta al implementarse; en la interfaz *Behavior* se deben escribir los métodos *takeControl(), acción() y suppress().*

La clase *Avanza* toma el control cuando los otros métodos no están activos, para esto el método *takeControl* se retorna *true* (verdadero).

La acción a realizar en el método *action()* corresponde primeramente a crear el chasis y el piloto de nuestro robot para que realice las acciones de moverse, se imprimir en la pantalla del lego el mensaje "Avanza", se fija la velocidad a la que se mueven los motores en este caso 50 y se llama el método *forward* para el objeto *pilot*, como se ha mencionado anteriormente este permite mover hacia adelante el robot. La variable de control *suprimir* se cambia a falso y el robot se desplaza hacia adelante. Mediante la variable de control *suprimir* se puede salir de este comportamiento.

```java
import lejos.hardware.lcd.LCD;
import lejos.robotics.chassis.*;
import lejos.robotics.navigation.MovePilot;
import lejos.robotics.subsumption.Behavior;
public class Avanza implements Behavior {
    private boolean suprimir = false;

    public boolean takeControl() {
        return true;
    }
    public void action() {
        Chassis chassis = new WheeledChassis(new Wheel[]
{

            DetectaObjetos.wheel1,
            DetectaObjetos.wheel2 },
            WheeledChassis.TYPE_DIFFERENTIAL);
        final MovePilot pilot = new MovePilot(chassis);
        LCD.drawString("Avanza", 0, 2);
        suprimir = false;
        pilot.setLinearSpeed(50);
        pilot.forward();
        while(!suprimir)
        {
            Thread.yield();
        }
        pilot.stop();
    }
    public void suppress() {
        suprimir = true;

    }
}
```

La clase **DetectaObstaculoFrente** corresponde al segundo comportamiento, esta toma el control cuando el sensor infrarrojo (montado al frente del lego) detecta un objeto en un rango menor a 40 centímetros, para esto se utiliza el método *getRange*.

Antes de utilizar este sensor es necesario declarar un objeto llamado *infrarrojo* de tipo *RangeFinderAdapter* para indicar el adaptador del sensor y el puerto en el que se encuentra conectado (*S4*) mediante el objeto *ir* de tipo *EV3IRSensor*, un objeto **sonar** de tipo *RangeFeatureDetector* que será el que tome las lecturas que serán evaluadas.

Se crea el constructor donde se dará valor a los objetos *ir, infrarrojo y sonar.*

El método *takeControl* tomará el control cuando el sensor obtenga una lectura menor a 40 y se lanzará el método *acción*, en este método, se crean los objetos *chassis* y *pilot* para realizar los movimientos del robot, se imprime en la pantalla del robot el mensaje "Frente" , se deshabilita la lectura del sensor infrarrojo al utilizar el método *enableDetection* (false) sobre el objeto sonar, el robot se desplaza hacia atrás 30 cm y gira 30 grados para evadir el obstáculo, se activa nuevamente la lectura del sensor y el robot se mueve hacia el frente.

No se deja ninguna línea para suprimir el comportamiento, ya que el robot debe estar preparado para "evitar" objetos en la parte delantera todo el tiempo que sea necesario.

```java
import lejos.hardware.lcd.LCD;
import lejos.hardware.port.SensorPort;
import lejos.hardware.sensor.EV3IRSensor;
import lejos.robotics.RangeFinderAdapter;
import lejos.robotics.chassis.*;
import lejos.robotics.navigation.MovePilot;
import lejos.robotics.objectdetection.RangeFeatureDetector;
import lejos.robotics.subsumption.Behavior;
public class DetectaObstaculoFrente implements Behavior {
private RangeFeatureDetector sonar;
    private RangeFinderAdapter infrarrojo;
    private EV3IRSensor ir;

    public DetectaObstaculoFrente()
    {
    // puerto del sensor
    ir = new EV3IRSensor(SensorPort.S4);
    //adaptador para el sensor
    infrarrojo = new RangeFinderAdapter(ir);
    sonar = new RangeFeatureDetector(infrarrojo, 40, 100);
```

```
    }
    public boolean takeControl() {
        return infrarrojo.getRange() < 40;
    }
    public void action() {
        Chassis chassis = new WheeledChassis(new Wheel[] {
            DetectaObjetos.wheel1,
            DetectaObjetos.wheel2 },
            WheeledChassis.TYPE_DIFFERENTIAL);
        final MovePilot pilot = new MovePilot(chassis);

        LCD.drawString("Frente    ", 0, 2);
        sonar.enableDetection(false);
        pilot.travel(-30);
        pilot.rotate(30);
        sonar.enableDetection(true);
        pilot.forward();
    }
    public void suppress() {
    }
}
```

La clase **DetectaObstaculoAtras** se implementa para que el robot evite los obstáculos que encuentre cuando el robot se mueve en esa dirección, para esto se necesita que el sensor de contacto este montado en la parte posterior del lego.

Este comportamiento toma el control cuando el sensor es presionado, método *isPressed()*, al igual que en el caso anterior, para poder usar el sensor es necesario declarar los objetos, *touchSensor* de tipo *EV3TouchSensor* y *touch* de tipo *TouchAdapter* en los que se indica el puerto *(S1)* y el adaptador.

La acción a realizar consiste en imprimir en la pantalla del robot el mensaje "Atrás", desplazar el robot hacia adelante y rotar. Como en la clase anterior no se deja ninguna línea para suprimir el comportamiento, ya que el robot debe estar preparado para "evitar" objetos en la parte posterior todo el tiempo que sea necesario.

```
import lejos.hardware.lcd.LCD;
import lejos.hardware.port.SensorPort;
import lejos.hardware.sensor.EV3TouchSensor;
import lejos.robotics.TouchAdapter;
import lejos.robotics.chassis.*;
import lejos.robotics.navigation.MovePilot;
import lejos.robotics.subsumption.Behavior;
public class DetectaObstaculoAtras implements Behavior {
    int i;
```

```
   TouchAdapter touch;
   public DetectaObstaculoAtras()
   {
      final EV3TouchSensor touchSensor =
               new EV3TouchSensor
 (SensorPort.S1);
               touch = new TouchAdapter(touchSensor);
   }
   public boolean takeControl() {
      return touch.isPressed();
   }
   public void action() {
      Chassis chassis = new WheeledChassis(new Wheel[] {
            DetectaObjetos.wheel1,
            DetectaObjetos.wheel2 },
            WheeledChassis.TYPE_DIFFERENTIAL);
      final MovePilot pilot = new MovePilot(chassis);

      LCD.drawString("Atras    ", 0, 2);
      pilot.travel(30);
      pilot.rotate(30);
      pilot.forward();
   }
   public void suppress() {
   }
}
```

4.7 ROBOT CONECTADO POR BLUETOOTH

En este proyecto usaremos una de las características más usadas actualmente para compartir información, el *Bluetooth*, permitiendo controlar el robot mediante el uso de esta común tecnología de manera remota. Para este proyecto se realiza una conexión remota entre la PC y el ladrillo EV3, creando una interfaz gráfica en la pc que permita enviar comandos al robot y este los ejecute. El *Bluetooth* permite que conectemos hasta 8 dispositivos por lo que una práctica posterior para el lector podría ser conectar otros ladrillos al robot conectado con la pc para que efectúen las instrucciones recibidas desde esta. Para realizar correctamente la práctica se debe emparejar el EV3 con la PC.

Para organizar la descripción de la práctica se divide en 2 etapas que serán:

1. Interfaz gráfica PC, Figura 4.8.

2. Programa EV3, Figura 4.9.

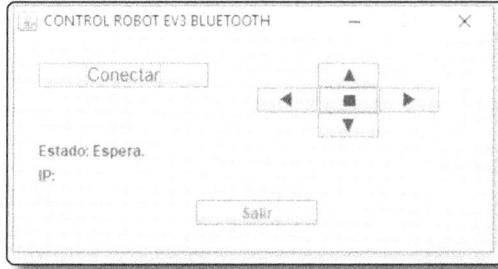

Figura 4.8. Interfaz gráfica PC. Robot comandado por Bluetooth

Como se puede observar en la Figura 4.8 los botones muestran la dirección a la cual se mueve el robot, ▲ arriba, ▼ abajo, ↺ giro a la izquierda, ↻ giro a la derecha, ■ detener. El botón conectar inicia la comunicación entre los dispositivos, el botón salir termina el programa.

La Figura 4.9 muestra el funcionamiento del robot ya que este se moverá en diferentes direcciones dependiendo del botón en la interfaz que se presione.

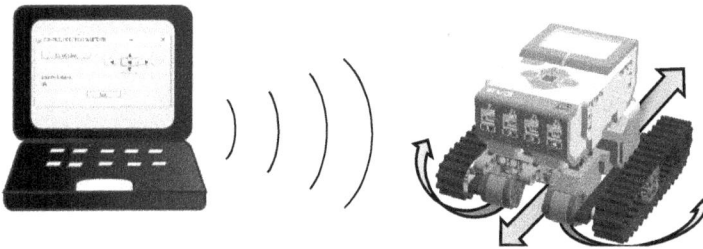

Figura 4.9. Comunicación del robot con la pc

4.7.1 Reglas de comportamiento

La computadora será el cliente mediante el cual se ejecuta la interfaz gráfica de usuario, esta envía al servidor que es el EV3 una petición de conexión cuando se presiona el botón *conectar*, por medio de la conexión remota. Si la respuesta a la solicitud de conexión es válida entonces es posible usar los botones que aparecen en la interfaz para mover el robot hacia adelante, si el botón presionado es 1 entonces el robot se mueve al frente con una velocidad de 100%, si se presiona el botón atrás que equivale al número 2, entonces el robot se mueve en reversa, si se elige el botón izquierda, la interfaz envía al ladrillo el valor 3 que le indicará que gire en sentido contrario a las manecillas del reloj, si se presiona la tecla derecha se envía el valor 4 y el robot gira en sentido a las manecillas del reloj, por último si se presiona el botón central entonces el ladrillo recibe el valor 5 que corresponde a detener los motores.

Al iniciar el programa, el robot en este caso servidor, se encuentra en un estado de espera, cuando recibe la petición la acepta y se establece la comunicación.

4.7.2 Pseudocódigo

Pseudocódigo de la interfaz gráfica para la PC

```
1   clase PCBluetooth
2   inicio
3       addressBT ← "192.168.100.208"
4   PUERTO ← RobotBluetooth.PUERTO
5   CERRAR ← 0
6   Conectado ← falso
7   Btnconectar ←"Conectar"
8   Btnsalir ← "Salir"
9   btnAdelante ← "▲" //1
10  btnAtras ← "▼"  //2
11  btnIzq ← "◄"  //3
12  btnDer ← "►"  //4
13  btnStop ← "■"  // 5
14
15  función PCBluetooth
16  inicio
17      agregar(btnAdelante)
18      agregar(btnAtras)
19      agregar(btnIzq)
20      agregar(btnDer)
21      agregar(btnStop)
22      agregar(btnconectar)
23      agregar(btnsalir)
24      agregar(lblestado)
25  fin
26
27  principal
28  inicio
29      nuevo PCBluetooth
30  fin
```

```
31
32 Función conectar
33 inicio
34     conectado ← true
35     btnconectar ← "Desconectar"
36     crear conexión con addressBT, PUERTO
37     btnconectar ← "Desconectar"
38 fin
39
40
41 Función enviarComando(comando)
42 inicio
43         salidaDatos ← comando
44 fin
45
46 Función desconectar
47 inicio
48     enviarComando(CERRAR)
49     socket ← cerrar conexión
50     btnconectar ←"Conectar"
51     conectado ←false
52     btnconectar ← "Conectar"
53 fin
54
55 Función actionPerformed(evt)
56 inicio
57     presionado ← evt
58     si (presionado = btnsalir)
59     inicio
60        salir
61     fin
62     si (presionado = btnconectar)
63     inicio
64        si(conectado = falso)
65        inicio
66           conectar
67        fin
68        sino si (conectado = verdadero)
69               desconectar()
70     fin
71     si(btnAdelante = presionado)
72            enviarComando(1)
73
74     si(btnAtras = presionado)
75            enviarComando(2)
```

```
76
77    si(btnIzq = presionado)
78            enviarComando(3)
79
80    si(btnDer = presionado)
81            enviarComando(4)
82    fin
83
84    Función keyPressed(KeyEvent e)
85    inicio
86            enviarComando(e.getKeyCode())
87    fin
88 fin
```

Pseudocódigo del programa del robot EV3.

```
1    Clase RobotBluetooth
2    inicio
3
4       PUERTO ← 7360
5       bandera = true;
6
7
8       Función RobotBluetooth(cliente)
9       inicio
10         cliente ← cliente
11      fin
12
13
14      principal
15      inicio
16         servidor ← PUERTO
17         while (bandera)
18         inicio
19            Pantalla ← "Escuchando.."
20            Nuevo RobotBluetooth(servidor.accept()).start()
21         fin
22      fin
23
24      Función run
25      inicio
26         Pantalla ← "Cliente conectado"
27         entradaDatos ← nuevo flujo de datos
28         mientras (cliente <> null)
29         inicio
```

```
30          comando ← entradaDatos
31          Pantalla ← "Tecla presionada:", comando
32          si(comando = PCBluetooth.CERRAR)
33          inicio
34              cliente ← cerrar
35              cliente ← null
36          fin
37          sino
38              controlador(comando)
39          fin
40      fin
41  fin
42
43  Función controlador(comando)
44  inicio
45      según_sea(comando)
46      inicio
47      caso 2:
48          motorB ← rotar -360
49          motorC ← rotar -360
50          break;
51      caso 1:
52          motorB ← rotar 360
53          motorC ← rotar 360
54          salir
55      caso 4:
56          motorC ← rotar 315
57          salir
58      caso 3:
59          motorB ← rotar 315
60          salir
61      caso 5:
62          motorB ← 0
63          motorC ← 0
64          salir
65      fin
66  fin
67
68  Función EscapeListener
69  inicio
70      Función keyPressed(Key k)
71          inicio
72              bandera ← falso
73          Salir
74          fin
```

```
75      fin
76
77  fin
```

4.7.3 Explicación del programa

En este proyecto se usan una serie de clases útiles para crear la interfaz gráfica en el Cliente PC. Se explicarán brevemente para una mejor comprensión del código generado.

▼ *JFrame:* Es una versión extendida de *java.awt.Frame.*

▼ *Socket:* Esta clase implementa los *sockets* cliente (también llamados "sockets"). Un *socket* es un punto de comunicación entre dos máquinas.

▼ *DataOutputStream:* Corresponde a un flujo de datos de salida y permite que una aplicación escriba tipos de datos primitivos de *Java* en el flujo de salida.

▼ *ActionListener:* Esta interfaz permite recibir eventos de acción. El objeto creado se registra con un componente utilizando el método *addActionListener* y cuando se produce el evento de acción, se invoca al método *actionPerformed.*

▼ *KeyListener:* Esta interfaz recibe eventos del teclado o pulsaciones de teclas.

Una vez explicadas las clases que se implementan así como las que se usan, comenzamos la descripción con la importación de las clases arriba mencionadas.

```java
import java.io.DataOutputStream;
import java.io.IOException;
import java.net.Socket;
import java.rmi.RemoteException;
import java.awt.*;
import java.awt.event.*;
import javax.swing.*;
```

La clase *PCBluetooth* será la encargada de crear los objetos necesarios para la interfaz, en esta se tiene como atributos la dirección *Bluetooth,* el puerto que permite la comunicación con la clase *RobotBluetooth*, el *socket*, los botones, el *frame* y las etiquetas que servirán para los mensajes en la interfaz.

```java
public class PCBluetooth extends JFrame implements ActionListener, KeyListener {
```

```
String addressBT = "192.168.100.208";
public static final int PUERTO =
                    RobotBluetooth.PUERTO;
public static final int CERRAR = 0;
private Socket socket;
private DataOutputStream salidaDatos;
boolean conectado=false;
JButton btnconectar=new JButton("Conectar");
JButton btnsalir=new JButton("Salir");
JButton btnAdelante=new JButton("▲");
JButton btnAtras=new JButton("▼");
JButton btnIzq=new JButton("◄");
JButton btnDer=new JButton("►");
JButton btnStop=new JButton("■");

JLabel lblestado=new JLabel("Estado: Espera.");
static JLabel lblAccion = new JLabel("IP:");
```

En el constructor se da formato a los objetos que crean la interfaz, asignando dimensiones y mensajes como también agregarlos y activar las propiedades para que respondan a la acción efectuada.

```
public PCBluetooth() {
    this.setTitle("CONTROL ROBOT EV3 BLUETOOTH");
    this.setBounds(0,0,400,200);
    this.setResizable(false);
    btnconectar.setFont(new java.awt.Font("Arial", 0, 15));
    lblestado.setBounds(20,80,200,20);
    lblAccion.setBounds(20,100,100,20);
    btnsalir.setBounds(150,130,100,20);
    btnconectar.setBounds(20,20,140,20);
    btnsalir.setForeground(Color.red);
    btnconectar.setBounds(20,20,140,20);
    btnAdelante.setBounds(250, 20, 50, 20);
    btnAtras.setBounds(250, 60, 50, 20);
    btnIzq.setBounds(200, 40, 50, 20);
    btnDer.setBounds(300, 40, 50, 20);
    btnStop.setBounds(251, 40, 48, 20);
    setLayout(null);
    this.add(lblAccion);
    this.add(btnAdelante);
    this.add(btnAtras);
    this.add(btnIzq);
    this.add(btnDer);
    this.add(btnStop);
```

```
    this.add(btnconectar);
    this.add(btnsalir);
    this.add(lblestado);
    this.setVisible(true);
    btnconectar.addActionListener(this);
    btnsalir.addActionListener(this);
    btnAdelante.addActionListener(this);
    btnAtras.addActionListener(this);
    btnIzq.addActionListener(this);
    btnDer.addActionListener(this);
    btnStop.addActionListener(this);
}
```

El principal crea el objeto que en este caso es la ventana que permite la interacción.

```
public static void main(String args[]) throws RemoteException
{
        new PCBluetooth();
}
```

El método conectar será quien establezca la comunicación entre la computadora y el robot (Cliente-Servidor) con el objeto *socket* y *salidaDatos*.

```
public void conectar(){
    try {
        conectado=true;
        btnconectar.setText("Desconectar");
        socket = new Socket(addressBT, PUERTO);
        salidaDatos = new DataOutputStream
                            (socket.getOutputStream());
        lblestado.setText("Estado Robot: Conectado.");
        btnconectar.setText("Desconectar");
        btnconectar.addKeyListener(this);
    } catch (Exception exc) {
        lblestado.setText("Estado: Conexión fallida.");
        System.out.println("Error: " + exc);
    }
}
```

El método *enviarComando* recibe el dato que genera el método *actionPerformed* después de ser disparado por el *actionListener* que se activa cuando se presiona alguno de los botones.

```
private void enviarComando(int comando){
    lblestado.setText("Estado: Enviando comando.");
```

```
   try {
      salidaDatos.writeInt(comando);
   } catch(IOException io) {
   lblestado.setText("Estado Robot: Fallo el comando.");
   }
   lblestado.setText("Estado Robot: Comando enviado
exitosamente.");
}
```

Este método cierra la conexión entre los dos dispositivos.

```
public void desconectar(){
   try{
      enviarComando(CERRAR);
      socket.close();
      btnconectar.setText("Conectar");
      lblestado.setText("Estado: Desconexión exitosa.");
      conectado=false;
      btnconectar.setText("Conectar");
      btnconectar.removeKeyListener(this);
   } catch (Exception exc){
      lblestado.setText("Estado: Fallo en la desconexión.");
      System.out.println("Error: " + exc);
   }
}
```

El método *actionPerformed* se sobre escribe ya que al implementar la clase *actionListener* es fundamental generar su comportamiento. Pues permite escuchar qué botones son presionados, para esta práctica enviará los valores que se asignaron a los botones presentes en la interfaz (adelante 1, atrás 2, izquierda 3, derecha 4, detener 5).

```
public void actionPerformed(ActionEvent evt){
    Object presionado = evt.getSource();
    if(presionado == btnsalir){
       System.exit(0);
    }
    if(presionado == btnconectar){
       if(conectado==false){
          conectar();
       }
       else if(conectado == true){
          desconectar();
       } }
```

```
            if(btnAdelante == presionado){
                lblAccion.setText("FORWARD");
                enviarComando(1);
            }
            if(btnAtras == presionado){
                lblAccion.setText("BACKWARD");
                enviarComando(2);
            }
            if(btnIzq == presionado){
                lblAccion.setText("LEFT");
                enviarComando(3);
            }
            if(btnDer == presionado){
                lblAccion.setText("RIGTH");
                enviarComando(4);
            }
        }
    }
}
```

> Los proyectos con interfaz gráfica deben ejecutar por separado sus clases, la clase PCBluetooth se ejecuta como aplicación de java en el PC y la clase RobotBluetooth se ejecuta en el robot. Una vez ejecutadas las dos, es posible crear la comunicación entre el PC y el EV3.

Para la clase *RobotBluetooth* que corresponde al servidor, nuevamente iniciamos con las clases que se utilizarán.

```
import java.io.DataInputStream;
import java.io.IOException;
import java.net.ServerSocket;
import java.net.Socket;
import lejos.hardware.*;
import lejos.hardware.motor.EV3LargeRegulatedMotor;
import lejos.hardware.port.MotorPort;
```

Inicialmente se declaran los objetos motor B y motor C de tipo motor mediano para el EV3, que corresponden a la abstracción de los servomotores, los atributos para el puerto de conexión, el *socket* para el servidor y el *socket* para el cliente.

```
public class RobotBluetooth extends Thread {
    private static EV3LargeRegulatedMotor motorB =
```

```
                new EV3LargeRegulatedMotor(MotorPort.B);
private static EV3LargeRegulatedMotor motorC =
                new EV3LargeRegulatedMotor(MotorPort.C);

public static final int PUERTO = 7360;//2259;
private static boolean bandera = true;
private static ServerSocket servidor;
private Socket cliente;
```

El constructor de la clase recibe la solicitud de conexión enviada por el cliente *(PCBluetooth),* la asigna al *socket* cliente y se crea el botón que permite la salida del programa *(escape)*.

```
public RobotBluetooth(Socket cliente) {
    this.cliente = cliente;
    Button.ESCAPE.addKeyListener(new EscapeListener());
}
```

El principal permite que el programa se encuentre en estado de espera, lo cual significa que permanece en modo receptor de alguna solicitud de conexión.

```
    public static void main(String[] args) throws
IOException {
        servidor = new ServerSocket(PUERTO);
        while(bandera) {
        System.out.println("En espera..");
        new RobotBluetooth(servidor.accept()).start();
        }
    }
```

El método *run* inicia la comunicación y el paso de mensajes entre los dispositivos, muestra en la pantalla del robot el valor de la tecla presionada, si el comando recibido corresponde al valor de desconectar, se cierra la conexión.

```
    public void run() {
        System.out.println("Cliente conectado");
        try {
            DataInputStream entradaDatos = new
                DataInputStream(cliente.getInputStream());
            while(cliente != null) {
                int comando = entradaDatos.readInt();
                System.out.println("Tecla presionada:" +
comando);
                if(comando == PCBluetooth.CERRAR) {
                    cliente.close();
                    cliente = null;
```

```
                } else {
                    controlador(comando);
                }}}
        catch (IOException e) {
            e.printStackTrace();
        }
    }
```

El método *controlador*, será quien ejecute la acción correspondiente al valor enviado por la interfaz (cliente) si recibe 1 adelante, 2 atrás, 3 izquierda, 4 derecha o 5 detener.

```
public void controlador(int comando) {
    switch(comando) {
    case 2:
        motorB.rotate(-360, true);
        motorC.rotate(-360);
        break;
    case 1:
        motorB.rotate(360, true);
        motorC.rotate(360);
        break;
    case 4:
        motorC.rotate(315);
        break;
    case 3:
        motorB.rotate(315);
        break;
    case 5:
        motorB.stop();
        motorC.stop();
        break;
    }
}
```

Para concluir se implementa la clase *EscapeListener* que captura las pulsaciones de tecla, esto es, agarra el valor de la tecla presionada y si es la tecla escape el programa termina.

```
private class EscapeListener implements KeyListener {
    public void keyPressed(Key k) {
        bandera = false;
        System.exit(0);
    }
    public void keyReleased(Key k) {}
```

```
    }
  }
```

4.8 ROBOT CONTROLADO POR WIFI

Este proyecto presenta una de las capacidades más interesantes de la plataforma robótica EV3: La capacidad de establecer comunicación inalámbrica por medio de *wifi* con la computadora, teniendo como aplicación, el poder controlar los movimientos del EV3 remotamente. Una de las ventajas de utilizar *wifi*, es que este nos permite una comunicación en red de mayor alcance, a diferencia del protocolo *Bluetooth* que solo admite la comunicación de corta distancia entre 8 dispositivos. Para poder implementar esta práctica en el EV3, es necesario primero haber configurado al ladrillo, como se indica con detalle en el apéndice C.

Es importante mencionar que se requiere de un *router* de punto de acceso *wifi* y de un adaptador inalámbrico USB para establecer la comunicación por red inalámbrica, entre algunos de los adaptadores inalámbricos soportados por *LeJOS 0.9.1-beta*, tenemos:

MARCA	MATRÍCULA
NETGEAR	N150 (WNA1100)
DIGITAZZ	DIGITAZZ 150Mbps Wireless Adaptor
TP-LINK	TL-WN725N 150Mbps USB Adapter
THE PI HUT	USB Wi-Fi Adapter for Raspberry Pi
CSL	USB Wlan (wifi) for PC/Raspberry Pi
EDIMAX	EW-7811UN 150Mbps Wireless Nano

Tabla 4.2. Adaptadores Inalámbricos USB

El adaptador inalámbrico NETGEAR N150 (WNA1100), es el conector wifi recomendado para usar con el ladrillo inteligente EV3, este es soportado por cualquier software para programar al ladrillo.

Acorde con lo anterior y con el objetivo de organizar este proyecto, se proponen 2 etapas de operación, en la primera etapa se desarrollará una interfaz gráfica (Figura 4.11), por medio de la que se realizará la conexión inalámbrica entre la computadora y el ladrillo mediante un *router* de punto de acceso wifi. La Figura 4.12 muestra la primera etapa de comportamiento del *robot controlado por wifi*.

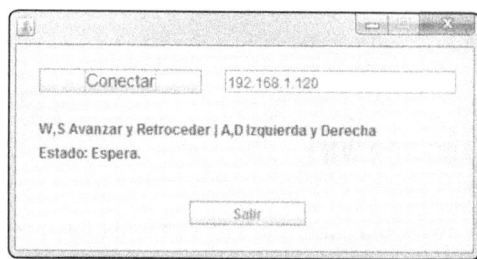

Figura 4.10. Interfaz gráfica para el usuario

Figura 4.11. Primer etapa del robot controlado por wifi: Establecer conexión inalámbrica entre la computadora y el EV3

En la segunda etapa, el usuario por medio del teclado de la computadora presiona las teclas indicadas en la interfaz gráfica (Figura 4.13); cada tecla envía una instrucción diferente para que el robot la realice, las instrucciones programadas son:

- W = Avanza hacia Adelante,
- S = Avanza hacia atrás,
- A= Gira hacia la Izquierda,
- D = Gira hacia la Derecha.

La Figura 4.10 ilustra este segundo comportamiento.

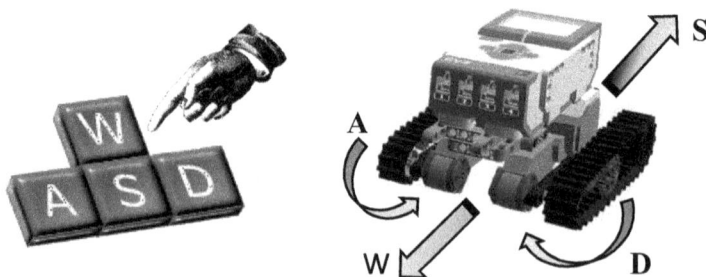

Figura 4.12. Funcionamiento del robot controlado por wifi

4.8.1 Reglas de comportamiento

La computadora (cliente) mediante la interfaz gráfica de usuario **envía** una petición de conexión a una dirección IP determinada, por medio de la red inalámbrica dada por el *router* de punto de acceso wifi. El EV3 (servidor) se encuentra en un estado de escuchando, cuando *recibe* la petición la acepta y se establece la comunicación por medio de la red inalámbrica entre la computadora y el ladrillo.

Una vez establecida la conexión, aparece un mensaje en la interfaz gráfica en la pc indicando el estado de la conexión.

Cada que se presiona una tecla en la PC se enviará un código al EV3, el cual la evalúa, si corresponde al valor establecido a las teclas W, S, A, D, el robot realizará la acción correspondiente. (W = Avanzar, S = Retroceder, A= Izquierda, D = Derecha).

4.8.2 Pseudocódigo

Pseudocódigo correspondiente al "Servidor" para este caso el ladrillo EV3.

```
1    Principal
2        inicio
3        servidor ← conexión con (PUERTO)
4        mientras ( bandera )
5        pantalla  "Esperando.."
6        Fin
7
8        Función run
9        inicio
10       pantalla "Cliente conectado"
11       mientras ( cliente <> nulo )
12       comando ← leer entradaDatos
13       pantalla "Tecla presionada:" , comando
14       Si (comando = CERRAR)
15          Cerrar conexión
16       Sino
17       controlador(comando )
18       Fin run
19
20       Función controlador(comando)
21       inicio
22       Según sea (comando)        %métodos sobre RobotWIFICliente
23       caso ATRAS:
```

```
24    motorB rotar (-360)
25    motorC rotar (-360 )
26    salir
27    caso ADELANTE:
28    motorB rotar (360)
29    motorC rotar (360 )
30    salir
31    caso DERECHA:
32    motorC rotar (315 )
33    salir
34    caso IZQUIERDA:
35    motorB rotar (315 )
36    salir
37    Fin controlador
```

Pseudocódigo correspondiente al "Cliente" para este ejercicio es la computadora.

```
1  CERRAR ← 0  // Declarar variables
2     conectado ← falso
3     Función RobotWIFICliente ( ip ) // Teclas W, A, S, D para movimiento
4     inicio
5     Dimensiones de ventana (0,0,400,200)   // interfaz gráfica
6     redimensionar ← falso // X,Y ,Largo, Ancho
7     IPAddresss (180,20,200,20)
8  botón salir (150,130,100,20)
9  botón conectar (20,20,140,20)
10 visible ← verdadero
11 Botón conectar en espera de acción
12 Botón salir en espera de acción
13 Fin RobotWIFICliente
14
15 Principal
16 Inicio
17 ip ← "192.168.1.120"
18 si ( args > 0 )
19 ip ← args
20 crear objeto RobotWIFICliente ( ip )
21 Fin Principal
22
23 Función conectar   //Excepciones
24 inicio
25 Conectado ← verdadero
26 botón conectar ← "Desconectar"
```

```
27 hacer conexión
28 salidaDatos ← recibir datos
29 Mensaje "Estado: Conexión exitosa"
30 botón conectar ←  "Desconectar"
31 botón conectar en espera de presionar una tecla
32 Mensaje "Estado: Conexión fallida."  // si la conexión falla
33 Imprimir en pantalla "Error: "
34 Fin conectar
35
36 Función enviarComando ( comando )
37 inicio
38 Mensaje "Estado: Enviando comando." // si la conexión es correcta y sepuede
   enviar datos
39 Enviar (comando)
40 Mensaje "Estado: Fallo al enviar el comando."      // si falla la recepción
41 Mensaje "Estado: Comando enviado exitosamente."    // mensaje de éxito
42 Fin enviarComando
43
44 Función desconectar
45 inicio
46 enviarComando(CERRAR)
47 cerrar conexión
48 botón conectar ← "Conectar"
49 mensaje "Estado: Desconexión exitosa."
50 Conectado ← falso
51 botón  conectar ← "Conectar"
52 botón  conectar deja de esperar que se presione una tecla
53 //si no se puede realizar la desconexión
54 Mensaje "Estado: Fallo en la desconexión."
55 Imprimir en pantalla "Error: "
56 Fin desconectar
57
58 Función actionPerformed ( evt )
59 inicio
60 presionado ← evt
61 Si (presionado =  botón salir)
62 Salir
63 Si ( presionado = botón  conectar)
64 Si ( conectado = falso )
65 conectar
66 sino si ( conectado = verdadero )
67 desconectar
68 Fin actionPerformed
```

4.8.3 Explicación del programa

La explicación del programa de este proyecto se divide en:

▶ Programa para el EV3 "Servidor".
▶ Programa para la computadora "Cliente".
▶ Programa para el EV3 "SERVIDOR".

Primero se definen las variables a utilizar. Se crean dos objetos de la clase *EV3LargeRegulatedMotor* para controlar nuestros motores B y C. Usaremos un entero para definir el puerto que usaremos para la conexión, un booleano que utilizaremos como bandera para manipular la duración de nuestro ciclo *while*, un objeto *ServerSocket* que será el *socket* en el que el cliente se conectará y un objeto *Socket* que nos servirá para obtener la información el cliente después de la conexión.

```java
import java.io.DataInputStream;
import java.io.IOException;
import java.net.ServerSocket;
import java.net.Socket;
import lejos.hardware.*;
import lejos.hardware.motor.EV3LargeRegulatedMotor;
import lejos.hardware.port.MotorPort;

public class RobotWIFIServidor extends Thread {
    private static EV3LargeRegulatedMotor motorB = new
            EV3LargeRegulatedMotor(MotorPort.B);
    private static EV3LargeRegulatedMotor motorC = new
            EV3LargeRegulatedMotor(MotorPort.C);
        public static final int PUERTO = 2259;
        private static boolean bandera = true;
        private static ServerSocket servidor;
        private Socket cliente;
```

El constructor de nuestra clase recibe un objeto *Socket* con la información del cliente y lo guarda en el objeto "*cliente*" de nuestra clase. También añade un *KeyListener* a nuestro botón de salida del ladrillo, para tener una manera más óptima de terminar nuestro programa.

```java
public RobotWIFIServidor(Socket cliente) {
    this.cliente = cliente;
    Button.ESCAPE.addKeyListener(new EscapeListener());
}
```

El *main* crea un objeto *ServerSocket* con el puerto definido al inicio y repetidamente manda llamar al método *accept()* del objeto, hasta que una conexión se haya establecido. Una vez que se establece la conexión, se hace llamar al método *start()*, que ejecuta el método *run()* de la clase.

```java
public static void main(String[] args) throws IOException {
    servidor = new ServerSocket(PUERTO);
    while(bandera) {
        System.out.println("Escuchando..");
        new RobotWIFIServidor(servidor.accept()).start();
    }
}
```

Este bloque empieza por anunciar en pantalla nuestra conexión exitosa, luego se crea un objeto de la clase *DataInputStream* que nos servirá para extraer la salida de datos de nuestro cliente. La estructura de control *while* siguiente se encarga de traducir los datos a entero, imprimirlo en pantalla y mandar llamar al método que convertirá ese entero en una acción del robot. En caso de recibir un 0, el *while* termina y nuestro programa acaba.

```java
public void run() {
    System.out.println("Cliente conectado");
    try {
        DataInputStream entradaDatos = new
        DataInputStream(cliente.getInputStream());
        while(cliente != null) {
            int comando = entradaDatos.readInt();
            System.out.println("Tecla presionada:"+comando);
            if(comando == RobotWIFICliente.CERRAR) {
                cliente.close();
                cliente = null;
            } else {
                controlador(comando);
            }}
    }catch (IOException e) {
        e.printStackTrace();
    }
}
```

Este método utiliza una estructura de control *switch*, que de acuerdo al entero que nuestro cliente haya enviado, entrará al caso específico que moverá al robot mediante los objetos que controlan los motores.

```java
public void controlador(int comando) {
    switch(comando) {
    case RobotWIFICliente.ATRAS:
        motorB.rotate(-360, true);
        motorC.rotate(-360);
        break;
    case RobotWIFICliente.ADELANTE:
        motorB.rotate(360, true);
        motorC.rotate(360);
        break;
    case RobotWIFICliente.DERECHA:
        motorC.rotate(315);
        break;
    case RobotWIFICliente.IZQUIERDA:
        motorB.rotate(315);
        break;
    }
}
```

Finalmente, creamos una clase *EscapeListener* que implementa la clase abstracta *KeyListener*, esta se encargará de cambiar nuestra variable booleana que controla el *while* principal a falso, lo que termina nuestro programa cuando el botón de salida sea presionado.

```java
private class EscapeListener implements KeyListener {
    public void keyPressed(Key k) {
        bandera = false;
        System.exit(0);
    }
    public void keyReleased(Key k) {}
}
```

PROGRAMA PARA LA COMPUTADORA "CLIENTE"
Recuerde que los proyectos con interfaz gráfica deben ejecutarse por separado sus clases, la clase RobotWIFICliente se ejecuta como aplicación de java en la computadora y la clase RobotWIFIServidor se ejecuta en el robot. Una vez ejecutadas las dos, es posible crear la comunicación entre el PC y el EV3.

En esta segunda parte primero se declaran las variables a utilizar y el puerto obtiene la dirección definida anteriormente en el programa del servidor. Después se definen las constantes para nuestros controles, usando el código de tecla *ASCII* de nuestro teclado:

87 = W, 65 = A, 83 = S, 68 = D

Luego declaramos un objeto *Socket* que nos permitirá guardar la dirección IP del servidor, un objeto *DataOutputStream* que contendrá la información a enviar al servidor y un booleano que nos servirá para saber si estamos conectados o no al servidor. Finalmente se declaran todos los objetos utilizados para la interfaz del programa.

```java
import java.io.DataOutputStream;
import java.io.IOException;
import java.net.Socket;
import java.awt.*;
import java.awt.event.*;
import java.io.*;
import javax.swing.*;

public class RobotWIFICliente extends JFrame implements
ActionListener, KeyListener{
    public static final int PUERTO = RobotWIFIServidor.PUERTO;
    public static final int CERRAR = 0;
    public static final int ADELANTE = 87, // W = Adelante
                            IZQUIERDA = 65, // A = Izquierda
                            ATRAS = 83, // S = Atrás
                            DERECHA = 68;    // D = Derecha
    private Socket socket;
    private DataOutputStream salidaDatos;
    boolean conectado=false;
    JLabel lblinstrucciones = new JLabel("W,S Avanzar y
                    Retroceder | A,D Izquierda y Derecha");
    JTextField txtIPAddress =new JTextField();
    JButton btnconectar=new JButton("Conectar");
    JButton btnsalir=new JButton("Salir");
    JLabel lblestado=new JLabel("Estado: Espera.");
```

El constructor de la clase recibe una dirección *ip* como argumento y se encarga de crear nuestra interfaz, usando esa dirección recibida como *default* en nuestro cuadro de texto.

```java
public RobotWIFICliente(String ip) {
        this.setBounds(0,0,400,200);
        this.setResizable(false);
        btnconectar.setFont(new java.awt.Font("Arial", 0, 15));
```

```
lblinstrucciones.setBounds(20,60,400,20);
lblestado.setBounds(20,80,200,20);
txtIPAddress.setBounds(180,20,200,20);
btnsalir.setBounds(150,130,100,20);
btnconectar.setBounds(20,20,140,20);//X,Y,Largo,Ancho
txtIPAddress.setText(ip);
btnsalir.setForeground(Color.red);
setLayout(null);
this.add(lblinstrucciones);
this.add(txtIPAddress);
this.add(btnconectar);
this.add(btnsalir);
this.add(lblestado);
this.setVisible(true);
btnconectar.addActionListener(this);
btnsalir.addActionListener(this);
}
```

En el *main* definimos la dirección *ip* determinada que usará el programa, y mandamos a llamar al constructor con dicha dirección *ip*.

```
public static void main(String args[]) {
    String ip = "192.168.1.120";
    if(args.length > 0) ip = args[0];
    new RobotWIFICliente(ip);
```

El método conectar, crea una nueva instancia del objeto *Socket,* mandando como argumentos la dirección IP introducida en el campo de texto y el puerto del servidor. También se instancia el objeto *DataOutputStream,* que guardará las teclas presionadas para que nuestro servidor pueda acceder a ellas. Se hace saber el estado de la conexión en nuestra interfaz y en caso de "conexión exitosa", se añade el *KeyListener* que estará escuchando las teclas presionadas en nuestro teclado.

```
public void conectar(){
    try {
        conectado=true;
        btnconectar.setText("Desconectar");
        socket = new Socket(txtIPAddress.getText(), PUERTO);
        salidaDatos = new
                    DataOutputStream(socket.getOutputStream());
        lblestado.setText("Estado: Conexión exitosa.");
        btnconectar.setText("Desconectar");
        btnconectar.addKeyListener(this);
    } catch (Exception exc) {
```

```
        lblestado.setText("Estado: Conexión fallida.");
        System.out.println("Error: " + exc);
    }
}
```

El método *enviarComando* actualiza el estado en la interfaz, para saber que se están enviando comandos al servidor, y convierte la tecla presionada en nuestro teclado a un entero que va guardando en el objeto *DataOutputStream,* que tendrá el registro de las teclas presionadas.

```
private void enviarComando(int comando){
lblestado.setText("Estado: Enviando comando.");
    try {
        salidaDatos.writeInt(comando);
    } catch(IOException io) {
        lblestado.setText("Estado: Fallo al enviar el
                        comando.");
    }
    lblestado.setText("Estado: Comando enviado
                    exitosamente.");
    }
```

Este método se encarga de enviar el comando definido anteriormente para terminar la conexión. También cierra el *Socket* y actualiza la interfaz, para saber que la conexión ha sido terminada.

```
public void desconectar(){
    try{
        enviarComando(CERRAR);
        socket.close();
        btnconectar.setText("Conectar");
        lblestado.setText("Estado: Desconexión
                        exitosa.");
        conectado=false;
        btnconectar.setText("Conectar");
        btnconectar.removeKeyListener(this);
    } catch (Exception exc){
        lblestado.setText("Estado: Fallo en la
                        desconexión.");
        System.out.println("Error: " + exc);
    }
}
```

El método *actionPerformed*, se encarga de escuchar qué botones de la interfaz son presionados, y manda llamar el método apropiado de acuerdo al botón.

```
public void actionPerformed(ActionEvent evt){
      Object presionado=evt.getSource();
      if(presionado==btnsalir){
          System.exit(0);
      }
      if(presionado==btnconectar){
          if(conectado==false){
              conectar();
          }
          else if(conectado=true){
              desconectar();
}}}
```

Finalmente, tenemos los métodos que se encargan de escuchar las teclas del teclado presionadas, para mandar el código de esa tecla al método *enviarComando*.

```
public void keyPressed(KeyEvent e) {
      enviarComando(e.getKeyCode());
}
public void keyReleased(KeyEvent e) {}
public void keyTyped(KeyEvent arg0) {}
}
```

5

PROGRAMANDO CON EL TOOLBOX
MATLAB® - MINDSTORMS

En este capítulo se presenta la herramienta MATLAB® para programar el robot LEGO® MINDSTORMS® EV3. Esta herramienta permite crear scripts en el entorno Matlab® y ejecutarlos, así como crear modelos de diseño en el entorno de Simulink®, Para mayor información sobre estas herramientas refiérase a la página de mathworks.

El paquete de soporte de MATLAB® para el hardware LEGO MINDSTORMS EV3 fue diseñado para controlar estos robots, proporciona funciones de MATLAB® para el control de los motores, interactuar con los sensores de entrada de hardware, además de una interfaz con otros sensores y actuadores del robot EV3. La comunicación con el LEGO MINDSTORMS EV3 se puede realizar a través de un cable USB, una red inalámbrica o *Bluetooth*.

Entre las tareas que se pueden realizar desde Matlab® se encuentra lo siguiente:

▼ Obtener datos de los sensores EV3

▼ Obtener datos de una baliza infrarroja remota EV3.

▼ Control y obtención de datos de motores EV3.

▼ Interactuar con la pantalla LCD,

▼ Interactuar con los botones del ladrillo EV3.

Utilizando la interfaz de línea de comandos en MATLAB® es posible:

▸ Programar sin el uso de otras herramientas.

▸ Desarrollar y depurar interactivamente programas en MATLAB®.

▸ Adquirir y procesar datos de sensores en MATLAB® de varias maneras, incluyendo crear gráficos.

▸ Ejecutar bucles de control hasta 25 Hz.

Este capítulo presenta la implementación y explicación a detalle de interesantes proyectos que involucran el uso de los sensores y actuadores del Lego Mindstorms EV3 con MATLAB®. Los proyectos llevarán al lector desde cuestiones muy simples, tales como el establecimiento de una conexión entre el robot y el ordenador mediante USB o wifi, hasta el control para el seguimiento de una trayectoria.

El apéndice D trata sobre la instalación de los paquetes de MATLAB® y Simulink®, como la configuración del ladrillo EV3 para su correcta implementación.

Se recuerda al lector que la construcción, código y videos de todos los robots propuestos en este libro, son descritos en detalle y pueden descargarse desde la página de internet de este libro.

Las funciones de este toolbox se encuentran basadas en el protocolo de comunicación TCP/IP del LEGO® MINDSTORMS® EV3 para controlar el ladrillo EV3. A pesar de que utiliza la conexión wifi para el control del robot en tiempo real presenta retardos considerables, al igual que el *Bluetooth*, el toolbox presenta estabilidad y provee de funciones de MATLAB® al ladrillo EV3. Por otro lado, los retardos a través del control vía USB son mucho menores, lo cual permite implementar aplicaciones más eficientes y de mayor complejidad y poder de procesamiento matemático mediante las funciones y herramientas de MATLAB®.

5.1 ROBOT DE ACELERACIÓN GRADUAL

En este primer proyecto se desea que el robot avance al frente, describiendo una trayectoria lineal y produzca un sonido al terminar el programa.

Inicialmente se crea la conexión entre el entorno de MATLAB® y el robot, la cual puede ser, wifi, *Bluetooth* o USB, como se ha mencionado anteriormente; para este proyecto se utilizará la conexión usb. Los motores estarán conectados en los puertos B y C del ladrillo, estos girarán hacia delante durante 900 rotaciones acelerando de manera gradual con cada 100 rotaciones, una vez concluida la cantidad de rotaciones el motor se detiene y emite un sonido durante un segundo. El comportamiento del robot se observa en la Figura 5.1

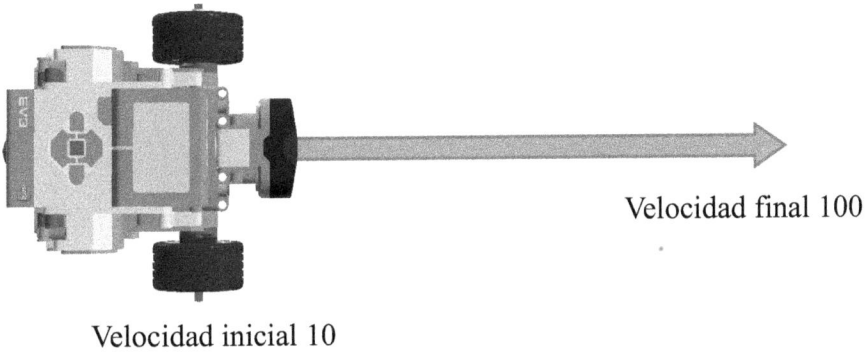

Velocidad final 100

Velocidad inicial 10

Figura 5.1. Comportamiento del robot de aceleración gradual

5.1.1 Reglas de comportamiento

Inicialmente el robot establece conexión mediante USB, después aparece en pantalla el mensaje "ROBOT ACELERACIÓN", se crean las variables para los motores B y C, con una velocidad inicial de 10, el motor del puerto B se usa para tomar la cantidad de rotaciones, ambos motores girarán hacia adelante hasta que se alcance el 100% de su potencia. Una vez que termina el ciclo, los motores se detienen, se emite un beep por un segundo y se eliminan los datos.

5.1.2 Pseudocódigo

```
 1  Se crea la conexión USB
 2  VELOCIDAD ← 10
 3  motorB ← motor(mylego,'B')
 4  motorB.Speed ← VELOCIDAD
 5  motorC ← motor(mylego,'C')
 6  motorC.Speed ← VELOCIDAD
 7  limpiar pantalla
 8  escribir en pantalla 'ROBOT ACELERACION'
 9  motorB ← reiniciar rotaciones
10  rotation ← leer Rotación motorB
11  mientras (rotation <= 900)
12      motorB ← iniciar
13       motorC ← iniciar
14      si( (rotation / 100) = i )
15          rotation ← leer Rotación motorB
16          VELOCIDAD ← VELOCIDAD + 10
```

```
17        I ← i + 1
18    Fin_ si
19 Fin_ciclo
20 motorB ← detener
21 motorC ← detener
22 emitir beep por un segundo
23 limpiar todo
```

5.1.3 Explicación del programa

Los programas en este entorno siempre serán implementados como un *archivo.m* de MATLAB®. A continuación, se presenta el código para este proyecto:

```
mylego = legoev3('USB')
```

La línea anterior corresponde a la conexión que se realiza entre el pc y el ladrillo EV3, para las prácticas iniciales será por medio de USB.

```
%SE CREAN LOS OBJETOS PARA LOS MOTORES
VELOCIDAD = 10
motorB = motor(mylego,'B')
motorC = motor(mylego,'C')
motorB.Speed = VELOCIDAD
motorC.Speed = VELOCIDAD
```

Se crean los objetos de tipo motor y se indica el puerto en el que se encuentra conectado cada uno, B y C, se establece la velocidad a la que se moverán.

```
clearLCD(mylego)
writeLCD(mylego,'ROBOT ACELERACION')
```

Limpiamos pantalla y se muestra un mensaje en la pantalla, que aparece centrado.

```
resetRotation(motorB)
rotation = readRotation(motorB);
```

Se reinicia el contador de rotaciones, para asignar a la variable *rotation* el valor inicial.

```
while (rotation <= 900)
   start(motorB)
    start(motorC)
   rotation = readRotation(motorB)
   if( (rotation / 100) == i )
      VELOCIDAD = VELOCIDAD + 10
```

```
        motorB.Speed = VELOCIDAD
        motorC.Speed = VELOCIDAD
        i = i + 1
    end
end
```

El ciclo permite el movimiento del robot por 900 rotaciones, aumentando la velocidad con cada 100 iteraciones.

```
stop(motorB);
stop(motorC);
beep(mylego,1)
clear
```

Por último, se detienen los motores, se produce un beep por un segundo y eliminamos todos los datos.

5.2 ROBOT MEDIDOR DE POSICIÓN ANGULAR

En este proyecto, se pretende que el lector maneje el funcionamiento básico para la lectura del *encoder* del robot EV3. El *encoder*, es un sensor capaz de medir la posición angular, también puede ser usado para medir la velocidad. Este sensor se encuentra físicamente dentro del servo motor.

Este proyecto consiste en medir la posición angular del *encoder* y desplegarla mediante una gráfica en el entorno de Matlab®. La gráfica contendrá la posición angular contra la potencia aplicada al motor. La Figura 5.2 muestra el comportamiento del robot.

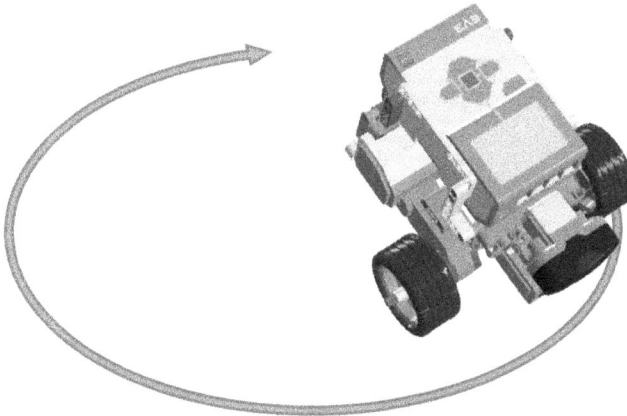

Figura 5.2. Comportamiento del robot medidor de posición angular

5.2.1 Reglas de comportamiento

Primero el robot establece conexión, a continuación, emite el tono 1, envía una potencia de 0 al motor C, reinicia al *encoder* del motor C, incrementa gradualmente en 1 el valor de potencia del motor, lee el *encoder*, apaga al motor C, gráfica en *Matlab*® la posición angular del motor C y termina la conexión.

5.2.2 Pseudocódigo

```
 1  Se crea la conexión USB
 2  VELOCIDAD ← 0
 3  pausa ← 0.25
 4  motorC ←  motor(mylego,'C')
 5  motorC.Speed ← VELOCIDAD;
 6  motorC ← reiniciar rotaciones
 7  pos ← 0
 8  desde i ← 1 hasta 110
 9      motorC.Speed ← VELOCIDAD + i
10      start(motorC);
11      data ← leerRotación motorC
12      pos(i) ← data
13      motorC ← reiniciar rotaciones
14      pausa ← 0.5
15  Fin_ciclo
16  motorC.Speed  ←  0
17  Graficar
```

5.2.3 Explicación del programa

A continuación, se describe el código creado para este proyecto, e crea la conexión mediante USB, y el ladrillo emite un sonido por 0.25 segundos.

```
mylego = legoev3('USB')
playTone(mylego,925.0,0.25,10)
pause(0.25)
VELOCIDAD = 0
```

Se crean el objeto motorC con una velocidad inicial de cero y se reinicia el *encode*.

```
motorC = motor(mylego,'C')
motorC.Speed = VELOCIDAD;
resetRotation(motorC);
```

Creamos un vector de tamaño 100 que será usado para graficar la velocidad angular. El ciclo tomará el valor del *encode* en cada iteración, también asigna un valor nuevo a la velocidad del motor C que será con un incremento de un paso.

```
pos = zeros(1,110);
for i = 1:110
    motorC.Speed = VELOCIDAD + i
    start(motorC);
    data  = readRotation(motorC)
    pos(i)= data
    resetRotation(motorC);
      pause(0.5)
end
```

Una vez terminado el ciclo, se asigna una velocidad de cero al motor C y creamos la gráfica correspondiente a los valores de la velocidad almacenada en cada iteración.

```
motorC.Speed  = 0;
plot(pos)
clear
```

Por último se eliminan todos los datos creados.

5.3 ROBOT AVANZA Y GIRA

En este proyecto se pretende que el robot realice una rutina sencilla pero útil para que el lector se familiarice con las instrucciones que permiten mostrar mensajes en la pantalla, uso de botones del ladrillo, sonido y motores, pertenecientes al paquete de MATLAB®.

El robot avanza 10 cm y se detiene, posteriormente gira en su propio eje, ese comportamiento se estará ejecutando mientras que el botón del ladrillo no se presione. El comportamiento del robot se observa en la Figura 5.3.

La conexión con el ladrillo será mediante USB, en la ejecución del programa aparecerá en pantalla la leyenda correspondiente a las instrucciones necesarias para terminar el programa *"presione el botón **up** para salir"* aunque, el lector puede elegir el botón que desee, o bien, hacer pruebas con todos los botones.

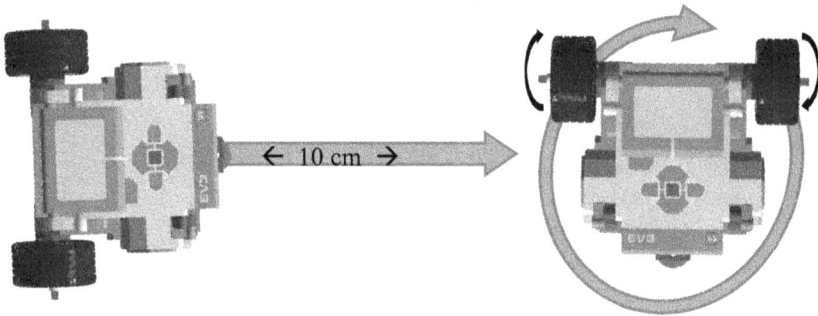

Figura 5.3. Comportamiento del robot avanza y gira

5.3.1 Reglas de comportamiento

Inicialmente el robot se encuentra detenido, una vez que inicia el programa se desplazará hacia adelante por varios segundos a una velocidad de 100%, transcurrido el tiempo estimado (aproximadamente 9 segundos) se detienen los motores, se cambia la velocidad del motor C a su equivalente negativa y se inician los motores para que comience el movimiento de esta manera el robot gira en su propio eje; el programa termina cuando se presiona el botón **up** (arriba) del ladrillo.

5.3.2 Pseudocódigo

```
 1   %SE ESTABLECE LA CONEXION USB
 2   Se crea la conexión USB
 3   VELOCIDAD ← 100
 4   motorB ← motor(mylego,'B')
 5   motorC ← motor(mylego,'C')
 6   motorB.Speed ← VELOCIDAD
 7   motorC.Speed ← VELOCIDAD
 8   limpiar pantalla
 9   escribir en pantalla 'ROBOT AVANZA Y GIRA'
10   escribir en pantalla 'para terminar el programa presione enter'
11   i ← 0
12   mientras botón central no se presione
13      mientras (i < 9000)
14         motorB ← iniciar
15         motorC ← iniciar
16         i ← i+1
17      fin_mientras
18      motorB ← detener
19      motorC ← detener
```

```
20    motorC.Speed ← VELOCIDAD * -1
21    mientras(i < 3000)
22          motorB ← iniciar
23          motorC ← iniciar
24      fin_mientras
25  fin_mientras
26  motorB ← detener
27  motorC ← detener
28  clear
```

5.3.3 Explicación del programa

A continuación se explica el código para este proyecto, inicialmente se crea la conexión, se crean los objetos para los motores B y C, se establece la velocidad de estos, limpiamos pantalla y se recomienda mostrar en pantalla las instrucciones para terminar el programa.

```
mylego = legoev3('USB')
%SE CREAN LOS OBJETOS PARA LOS MOTORES
VELOCIDAD = 100
motorB = motor(mylego,'B')
motorC = motor(mylego,'C')
motorB.Speed = VELOCIDAD
motorC.Speed = VELOCIDAD
clearLCD(mylego)
writeLCD(mylego,'ROBOT AVANZA Y GIRA')
writeLCD(mylego,'para terminar el programa presione enter',6,2)
writeLCD(mylego, 'presione up',7,2)
```

El ciclo siguiente termina una vez que se presiona el botón superior o *up* (arriba) del ladrillo. Los ciclos que se encuentran dentro de este, se crean para mover el robot hacia el frente por algunos segundos.

```
i = 0
tecla = 0
while (~tecla)
    i = 0
    motorB.Speed = VELOCIDAD
    motorC.Speed = VELOCIDAD
    while((i < 60) && ~tecla)
        start(motorB)
        start(motorC)
        i = i+1
        tecla = readButton(mylego, 'up')
    end
```

Aquí es donde detenemos los motores para cambiar el sentido al motor C, e iniciar con los giros sobre el mismo eje.

```
stop(motorB)
    stop(motorC)
    j = 0
    while((j < 30) && ~tecla)
        motorC.Speed = -50
        motorB.Speed = 50
        start(motorB)
        start(motorC)
        j = j +1
        tecla = readButton(mylego, 'up')
    end
    tecla = readButton(mylego, 'up')
end
```

Una vez que se presiona el botón **up** (arriba) del ladrillo, termina el ciclo, se detienen los motores y se eliminan todos los datos para que el programa termine correctamente.

```
stop(motorB);
stop(motorC);
clear
```

5.4 ROBOT SEMÁFORO

En este proyecto se realiza un programa que implementará un robot capaz de avanzar de manera continúa hacia adelante, cuando detecte un color verde frente al sensor de color, incluso avanza si no existe un color detectable frente al sensor, una vez que detecte el color rojo deberá detenerse. La Figura 5.4 muestra el comportamiento del robot.

Figura 5.4. Comportamiento del robot interpreta semáforo

5.4.1 Reglas de comportamiento

Para este proyecto se usará la conexión wifi, inicialmente se crea la conexión, así como los motores y la variable que permitirá la obtención de datos del sensor de color.

El robot comenzará con obtener información del sensor de color, si se detecta el color rojo, el robot deberá permanecer en stop mientras que la lectura sea diferente a verde, ya que si detecta el color verde, el robot deberá avanzar hacia el frente, en el caso en que no detecte ningún color el robot seguirá ejecutando las instrucciones de avanzar o detenerse según sea el color que se obtuvo anteriormente, por ejemplo si se lee rojo el robot se detiene y posteriormente si no se detecta color o se detecta un color diferente al verde el robot sigue detenido hasta que se lee el color verde, el cual efectúa el mismo comportamiento para la ausencia de color o un color diferente al rojo. El ciclo termina cuando se presiona el botón de la izquierda (*left*) del ladrillo.

5.4.2 Pseudocódigo

```
 1   mylego ← legoev3('wifi','192.168.1.144','0016534caba4')
 2   VELOCIDAD ← 50
 3   motorB ← motor(mylego,'B')
 4   motorC ← motor(mylego,'C')
 5   mycolor ← color Sensor
 6   motorB.Speed ← VELOCIDAD
 7   motorC.Speed ← VELOCIDAD
 8   limpiar pantalla
 9   escribir en pantalla '5.4 ROBOT SEMAFORO'
10   mientras no se presione la tecla izquierda
11      color ←  leer valor del color sensor
12      si( color = 'red')
13         escribir en pantalla ' RED   STOP  '
14         motorB ← detener
15         motorC ← detener
16         emitir beep por un segundo
17      else
18         si (color = 'green')
19            mostrar en pantalla' GREEN   GO '
20            motorB ← iniciar
21            motorC ← iniciar
22         sino
23            mostrar en pantalla 'NONE CONTINUE'
24         fin
25   fin
```

```
26 fin
27 limpiar pantalla
28 motorB ← detener
29 motorC ← detener
30 limpiar todo
```

5.4.3 Explicación del programa

A continuación se explica el código correspondiente a la práctica, para esta actividad se usará la conexión vía *wifi*, en la cual, mediante la instrucción *legoev3* especificamos el tipo de conexión, la dirección *ip* que tiene asignada el robot y el *id* del ladrillo, estos datos los puede obtener en la pestaña *brick Info* del menú del ev3.

```
%SE ESTABLECE LA CONEXION
mylego = legoev3('wifi','192.168.1.144','0016534caba4')
```

Creamos las variables para los motores B y C, para el uso del sensor de color es necesario crear una variable u objeto que permite obtener las lecturas del mismo a la cual llamaremos *mycolor*.

```
VELOCIDAD = 50;
%SE CREAN LOS OBJETOS PARA LOS MOTORES
motorB = motor(mylego,'B');
motorC = motor(mylego,'C');
mycolor = colorSensor(mylego);
```

Asignamos el valor de la velocidad para los motores, se limpia pantalla y aparece el mensaje que indica el nombre del Proyecto.

```
motorB.Speed = VELOCIDAD;
motorC.Speed = VELOCIDAD;
clearLCD(mylego);
writeLCD(mylego,'5.4 ROBOT SEMAFORO',3,2);
```

Dentro del ciclo tomamos la lectura del sensor de color con la instrucción *readColor(mycolor),* se compara el valor que entrega el cual es una cadena con el nombre correspondiente al color leído, si el color es rojo entonces que se detengan los motores, muestre en pantalla un mensaje y emita un beep.

```
while ~readButton(mylego, 'left')
    color = readColor(mycolor);
    if( strcmp(color, 'red') == 1)
        writeLCD(mylego,' RED   STOP ');
        stop(motorB);  stop(motorC);
        beep(mylego,0.25);
```

De lo contrario, si el color es igual a verde, entonces que se enciendan los motores permitiendo que el robot se desplace hacia adelante, el ciclo deberá repetirse mientras que no se presione la tecla de la izquierda del ladrillo.

```
    else
        if(strcmp(color, 'green') == 1)
                writeLCD(mylego,' GREEN   GO ');
                start(motorB);  start(motorC);
        else
                writeLCD(mylego,'NONE CONTINUE');
        end
    end
end
```

Por último, una vez que se rompe el ciclo, se limpia la pantalla del robot se detienen los motores y se eliminan todos los datos.

```
clearLCD(mylego);
stop(motorB);    stop(motorC);
clear
```

5.5 ROBOT EVADE OBSTÁCULOS

Para este proyecto se desarrolla un programa que le permita al robot evadir objetos u obstáculos que se encuentran frente a él a una distancia de 40 cm, los objetos serán detectados por medio del sensor infrarrojo, este sensor se conecta en la parte trasera del ladrillo (Figura 5.5) por tal motivo se asignan 40 cm, si el lector monta el sensor al frente considere la distancia para la detección.

El objetivo principal es evitar que el robot se impacte con la pared y algún objeto que se encuentre al frente, en cuyo caso gira 90 grados a la derecha, si aún sigue el obstáculo vuelve a girar 90 grados a la derecha hasta que el camino está libre entonces avanza. La Figura 5.5 muestra el comportamiento del robot.

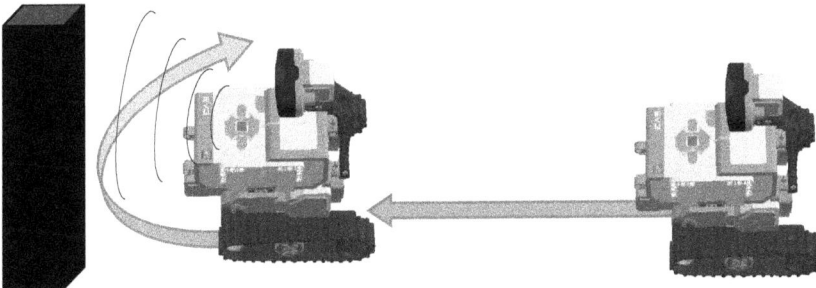

Figura 5.5. Comportamiento robot evade obstáculos

5.5.1 Reglas de comportamiento

Abrimos la conexión por medio de wifi, la velocidad a la que moveremos el robot será de 50%, el robot inicia el movimiento hacia adelante, tomamos las lecturas del sensor infrarrojo, si no detecta obstáculos frente a él, esto es, si el valor arrojado por el sensor es mayor que 40 cm, entonces avanza. De lo contrario, gira a la derecha 90 grados. El programa termina cuando se presiona el botón *up* (arriba) del tablero del ladrillo.

5.5.2 Pseudocódigo

```
1   mylego ← legoev3('wifi','192.168.1.144','0016534caba4')
2   VELOCIDAD ← 50
3   motorB ← motor(mylego,'B')
4   motorC ← motor(mylego,'C')
5   myIR ← Sensor Infrarrojo
6   motorB.Speed ← VELOCIDAD
7   motorC.Speed ← VELOCIDAD
8   limpiar pantalla
9   mostrar en pantalla'5.5 ROBOT EVADE OBSTACULOS')
10  motorB ← iniciar
11  motorC ← iniciar
12  mientras no se presione la tecla arriba
13     distancia ← leer proximidad del sensor
14     si (distancia <= 40)
15        emitir beep por un medio segundo
16           motorB ← detener
17        motorC ← detener
18        pausa ← 1 segundo
19        reiniciar rotación del motorC
20        rotation ← leer rotaciones motorC
21        mientras(rotation < 620 Y no se presione la techa arriba)
22           motorC ← iniciar
23        rotation ← leer rotaciones motorC
24        fin_mientras
25     fin_si
26     si(distancia > 40)
27              motorB ← iniciar
28     fin_si
29  fin_mientras
30  motorB ← detener
31  motorC ← detener
32  limpiar todo
```

5.5.3 Explicación del programa

Como en proyectos anteriores iniciamos con la conexión, para este proyecto se realiza por wifi, es necesario conectar previamente el robot a la red donde se encuentra la computadora que utilizaremos. Se recomienda al lector revisar el apéndice D.

Una vez realizada la conexión, creamos los motores y establecemos la velocidad a la que se moverán.

```
%SE ESTABLECE LA CONEXION
mylego = legoev3('wifi','192.168.1.144','0016534caba4')
%SE CREAN LOS OBJETOS PARA LOS MOTORES
VELOCIDAD = 50
motorB = motor(mylego,'B')
motorC = motor(mylego,'C')
motorB.Speed = VELOCIDAD
motorC.Speed = VELOCIDAD
```

Se crea la variable de tipo sensor infrarrojo con el nombre de *myIR*.

```
myIR = irSensor(mylego)
```

Limpiamos la pantalla, aparecerá el mensaje que indica el proyecto que se efectúa, se encienden los motores para que inicie el movimiento del robot hacia el frente.

```
clearLCD(mylego)
writeLCD(mylego,'5.5 ROBOT EVADE OBSTACULOS')
start(motorB)
start(motorC)
```

Dentro del ciclo, en la variable *distancia* obtendremos el valor de la lectura que registra el sensor infrarrojo correspondiente a la proximidad. Si el valor obtenido es menor que 40 entonces se detienen los motores y se hace una pausa de un segundo, reiniciar el *encode* del motor C y en la variable *rotation* capturamos el valor del *encode* del motor C.

```
while ~readButton(mylego, 'up')
    distancia = readProximity(myIR)
    if(distancia <= 40)
        beep(mylego,.5)
        stop(motorC)
        stop(motorB)
        pause(1);
        resetRotation(motorC)
```

```
rotation = readRotation(motorC);
```

En el ciclo siguiente evaluamos el valor de la variable *rotation* para realizar un giro de 90 grados, siempre que no se presione la tecla **up** (arriba) del ladrillo, ya que si se presiona esta tecla el ciclo termina.

```
while(rotation < 620 && ~readButton(mylego, 'up'))
        start(motorC)
        rotation = readRotation(motorC);
    end
end
```

Si la distancia es mayor a 40, entonces, encendemos el motor B nuevamente lo que indica que ya no tenemos obstáculos al frente y el robot puede avanzar en ese sentido.

```
if(distancia > 40)
    start(motorB)
end
end
```

Por último, se apagan los motores y se eliminan los datos.

```
stop(motorB);
stop(motorC);
clear
```

5.6 ROBOT SIGUE LÍNEA

En este proyecto se implementará el ya famoso robot sigue líneas, el cual es capaz de seguir una línea negra sobre el piso (Figura 5.6), se puede realizar con líneas de color diferente al negro, simplemente modificando los valores de la luz que refleja, para esto se utilizará el sensor de luz que medirá la intensidad de la luz reflejada sobre una superficie y así poder diferenciar entre el negro (línea) y blanco (piso).

El sensor se usará en modo *reflected* el cual permite obtener los valores de la intensidad relativa de la luz del LED que un objeto cercano refleja en el sensor de color. Los valores se encuentran en un rango de 0 a 100 donde 0 es un valor totalmente obscuro y 100 corresponde al máximo nivel de luz.

Para esta práctica los valores obtenidos por el sensor como negro corresponde a números de 0 a 16, sin embargo es recomendable que el lector realice pruebas en su entorno para obtener los valores adecuados, ya que las lecturas del sensor pueden variar con respecto a las condiciones de iluminación, textura y distancia del sensor, así como brillo del material que se usa para las líneas. Todas las pruebas se realizaron sobre superficies claras con cinta aislante para marcar las líneas.

Figura 5.6. Comportamiento robot sigue líneas

5.6.1 Reglas de comportamiento

En la pantalla aparecerá la leyenda "5.6 Sigue líneas". Y el sensor de color comienza a obtener los valores, Si el valor leído o la intensidad de la luz reflejada por el sensor es menor o igual a 16, entonces corresponde al color negro o a la línea que seguirá, en cuyo caso se enciende el motor C y el motor B se apaga, de otra manera si la intensidad es menor que 50 es un color blanco y se enciende el motor B y el motor C se apaga. El programa se repite mientras que no sea presionada la tecla *up* (arriba) del ladrillo.

5.6.2 Pseudocódigo

```
1   mylego ← legoev3('wifi','192.168.100.10','0016534caba4')
2   VELOCIDAD ← 30
3   motorB ← motor(mylego,'B')
4   motorC ← motor(mylego,'C')
5   mycolor ← sensor de color
6   motorB.Speed ← VELOCIDAD
7   motorC.Speed ← VELOCIDAD
8   limpiar pantalla
9   escribir en pantalla '5.6 SIGUE LINEAS'
10  mientras no se presione la tecla arriba
11      intensidad ← leer luz reflejada de mycolor
12      si( intensidad <= 16)
13          motorB ← detener
```

```
14        motorC ← iniciar
15    sino
16        si(intensidad < 50)
17            motorB ← iniciar
18            motorC ← detener
19        fin_si
20    fin_si
21 fin_mientras
22 motorB ← detener
23 motorC ← detener
24 limpiar todo
```

5.6.3 Explicación del programa

Inicialmente se crea la conexión, la cual puede ser USB, *Bluetooth* o wifi.

```
mylego = legoev3('Bluetooth','COM3');
```

Elegimos la velocidad a la que se moverán los motores, para este ejercicio se recomienda usar una velocidad de 30. Creamos los objetos para los motores B y C respectivamente.

```
VELOCIDAD = 30
motorB = motor(mylego,'B')
motorC = motor(mylego,'C')
```

Se crea el objeto *mycolor* el cual corresponde al uso del sensor de color conectado en el ladrillo EV3. Recuerde que al crear la conexión con el LEGO no es necesario especificar el puerto, ya que Matlab® detecta automáticamente los sensores que se encuentran conectados.

```
mycolor = colorSensor(mylego)
```

Asignamos la velocidad a cada motor, se limpia la pantalla y se escribe un mensaje, el lector puede incluso mostrar en pantalla las instrucciones para terminar el programa.

```
motorB.Speed = VELOCIDAD
motorC.Speed = VELOCIDAD
clearLCD(mylego)
writeLCD(mylego,'5.6 SIGUE LINEAS')
```

El ciclo se suspende cuando se presiona la tecla superior del ladrillo, dentro de la instrucción repetitiva, realizamos la lectura y almacenamos el valor obtenido por el sensor de color en la variable intensidad, para posteriormente comparar su valor.

Si el valor de la intensidad es menor o igual a 16 se apaga el motor B y se enciende el motor C, sino y si el valor es menor que 50 entonces, se enciende el motor B y se apaga el motor C.

```
while ~readButton(mylego, 'up')
    intensidad = readLightIntensity(mycolor,'reflected')
    if( intensidad <= 16)
        stop(motorB)
        start(motorC)
    else
       if(intensidad < 50)
           start(motorB)
           stop(motorC)
       end
    end
end
```

Se recomienda al lector hacer pruebas con el sensor de color, en el entorno donde realizará la práctica para obtener los valores de reflectancia de la línea negra.

Por último, una vez que se rompe el ciclo, se detienen los motores, ya que si no realizamos este paso, los motores seguirán actuando de la misma manera que antes de terminar el ciclo, se eliminan los valores y el programa termina.

```
stop(motorB);
stop(motorC);
clear all
```

5.7 ROBOT CONTROLADO POR TRANSMISOR IR

En este proyecto usaremos el transmisor IR como control remoto con el EV3, para moverlo a distancia por medio del infrarrojo, el robot podrá ir hacia adelante, hacia la izquierda, hacia la derecha y detenerse al presionar las teclas del transmisor IR. Para ello usaremos el sensor infrarrojo y el transmisor IR en el canal 4 como lo muestra la Figura 5.7

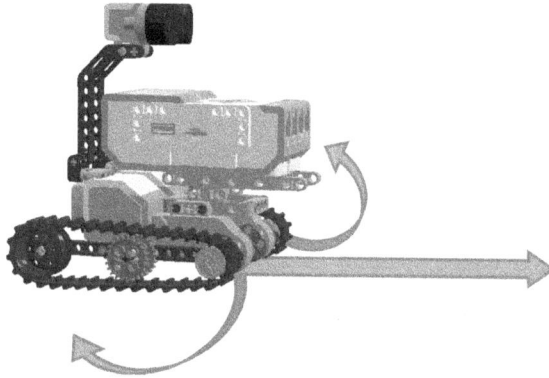

Figura 5.7. Robot Controlado por transmisor IR

Los botones del transmisor IR que usaremos para este proyecto serán el 9, 1, 2, 3 y 4 los cuales se identifican en la Figura 5.8. Se recomienda al lector usar combinaciones de botones para generar otros comportamientos en el ev3.

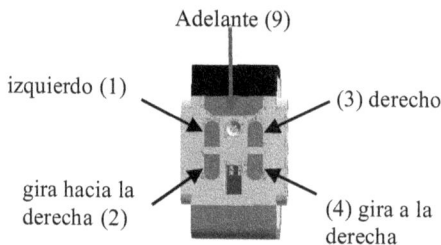

Figura 5.8. Botones del transmisor IR usados para la práctica 5.7.

5.7.1 Reglas de comportamiento

Al iniciar el programa, por medio del ciclo se obtiene la lectura enviada desde el transmisor IR, inicialmente se recibe el valor de cero, el cual efectúa la instrucción de mantener los motores en stop.

En caso de que se presione el botón 9 en el transmisor IR los motores se encenderán a una velocidad constante de 100.

Si se presiona el botón 1 el robot gira a la izquierda.

Si se presiona el botón 2 el robot gira hacia la derecha con el motor B en reversa.

Si se presiona el botón 3 el robot gira a la derecha

Si se presiona el botón 4 el robot gira a la derecha con el motor C en reversa.

Para cualquier otro valor los motores se detienen.

El programa se repite mientras que no se presione la tecla *up* (arriba) del ladrillo.

5.7.2 Pseudocódigo

```
1   mylego ← legoev3('wifi','192.168.1.144','0016534caba4')
2   VELOCIDAD ← 100
3   motorB ← motor(mylego,'B')
4   motorC ← motor(mylego,'C')
5   myIR ← Sensor Infrarrojo
6   motorB.Speed ← VELOCIDAD
7   motorC.Speed ← VELOCIDAD
8   limpiar pantalla
9   mostrar en pantalla '5.7 CONTROL'
10  motorB ← iniciar
11  motorC ← iniciar
12  mientras no se presione la tecla arriba
13     distancia ← leer proximidad del sensor
14  boton ← leer valor de baliza en el canal 4
15  Segun_sea boton
16  caso 2
17  motorB.Speed ← -VELOCIDAD
18  motorB ← iniciar
19  caso 3
20  motorC.Speed ← VELOCIDAD
21  motorC ← iniciar
22  caso 1
23  motorB.Speed ← VELOCIDAD
24  motorB ← iniciar
25  caso 4
26  motorC.Speed ← -VELOCIDAD
27  motorC ← iniciar
28  caso 9
29  motorB.Speed ← VELOCIDAD
30  motorC.Speed ← VELOCIDAD
```

```
31 motorC ← iniciar
32 motorB ← iniciar
33 Otro caso
34 motorB ← detener
35 motorC ← detener
36 Fin_segun_sea
37 fin_mientras
38 motorB ← detener
39 motorC ← detener
40 limpiar todo
```

5.7.3 Explicación del programa

Comenzamos con establecer la conexión con el ladrillo por medio de wifi, se crean los motores B y C, se asigna la velocidad a la que se desea que avance el robot.

```
mylego = legoev3('wifi','192.168.100.9','0016534caba4')
VELOCIDAD = 50
motorB = motor(mylego,'B')
motorC = motor(mylego,'C')
motorB.Speed = VELOCIDAD
motorC.Speed = VELOCIDAD
```

Se crea la variable *myIR* que se utiliza para obtener las lecturas del sensor infrarrojo y obtener los valores enviados por el transmisor IR.

```
myIR = irSensor(mylego)
```

El ciclo *while* se rompe cuando se presiona la tecla **up** (arriba) del ladrillo.

```
clearLCD(mylego)
writeLCD(mylego,'5.7 CONTROL')
while ~readButton(mylego, 'up')
```

La línea siguiente, es empleada para obtener los valores correspondientes a los botones que se presionan en el transmisor IR.

```
boton = readBeaconButton(myIR,4)
```

En la instrucción *switch* se encuentran los casos de los valores pertenecientes a los botones del transmisor IR, la acción correspondiente para cada botón es: 1 giro a la izquierda, 2 giro a la derecha en reversa, 3 giro a la derecha hacia el frente, 4 giro a la izquierda en reversa y 9 movimiento hacia el frente.

```
switch boton
```

```
       case 2
          motorB.Speed = -VELOCIDAD
          start(motorB)
       case 3
          motorC.Speed = VELOCIDAD
          start(motorC)
       case 1
          motorB.Speed = VELOCIDAD
          start(motorB)
       case 4
          motorC.Speed = -VELOCIDAD
          start(motorC)
       case 9
          motorB.Speed = VELOCIDAD
          motorC.Speed = VELOCIDAD
          start(motorC)
          start(motorB)
       otherwise
       stop(motorB)
       stop(motorC)
    end
end
```

Por último, se detienen los motores y se eliminan todos los datos.

```
stop(motorB);
stop(motorC);
clear
```

Apéndice A

A.1 INSTALACIÓN

Al comenzar la instalación del software LEGO MINDSTORMS EV3 Home Edition el cual se descarga de la página de LEGO, *https://www.lego.com/en-us/mindstorms/downloads/download-software*, se desplegará una ventana como la mostrada en la Figura A.1.

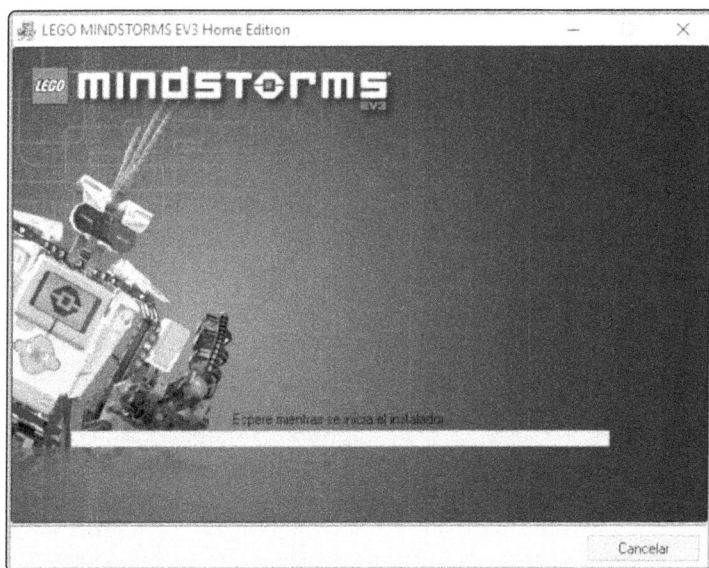

Figura A.1. Inicio del instalador del software LEGO MINDSTORMS EV3

A continuación, aparecerá una ventana donde se debe elegir el directorio donde se realizará la instalación (ver Figura A.2).

Figura A.2. Instalación del software y manejador LEGO MINDSTORMS

A.2 VENTANA LEGO MINDSTORMS EV3 HOME EDITION

El programa LEGO MINDSTORMS EV3 o mejor conocido como EV3G, inicia con una ventana como la que se muestra en la Figura A.3.

En esta ventana encontrarás 3 pestañas, ***inicio rápido (1),*** donde puedes encontrar videos ilustrativos sobre primeros pasos, uso del software y editor de contenidos también encontrarás las guías de uso y la ayuda. En la pestaña ***más robots*** (2) encontrarás la comunidad lego, un juego para tu EV3 y los planos para la construcción de diferentes robots que puedes descargar. En la pestaña *combinación de... (3)* te permite visitar la sección de desafíos y crear un reloj funcional.

En la parte superior se encuentra el menú de opciones (4) donde están las opciones Archivo, Editar, Herramientas y Ayuda.

Para crear un proyecto nuevo se puede ir al menú y elegir la opción Archivo y crear nuevo proyecto o bien abrir uno ya existente. O simplemente dar clic en ▣ (5) que se encuentra debajo de este menú.

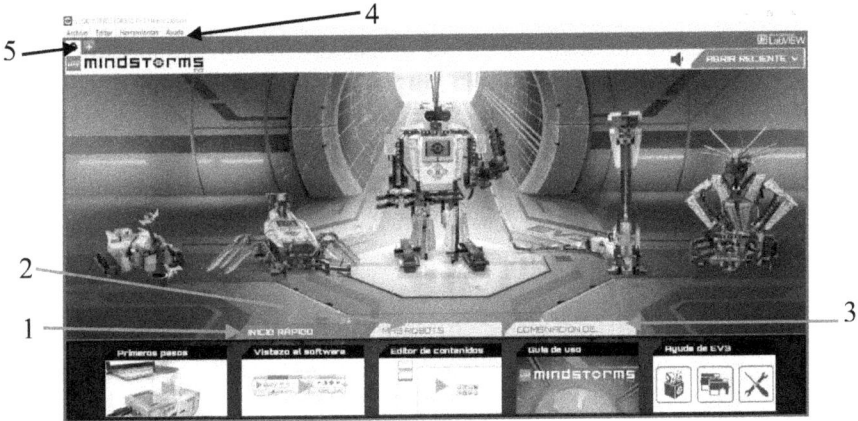

Figura A.3. Ventana de inicio del software LEGO MINDSTORMS EV3

Para iniciar la programación del EV3, es necesario crear un nuevo proyecto donde se puedan incluir las estructuras de programación. Para esto es necesario dar clic en *Archivo/ nuevo proyecto* o dar clic en el icono superior izquierdo que se indica en la Figura A.3 (5).

En la Figura A.3 (4) en el menú de opciones se puede acceder a la venta de ayuda. Esta es muy útil para conocer el uso de cada bloque o actualizar el software.

Una vez creado un nuevo archivo, se podrán agregar iconos para las diferentes estructuras de control que se encuentran en la parte inferior y se agrupan en pestañas de colores como se puede ver en la Figura A.4 (1), para crear el programa solo se debe dar clic sobre el icono y soltar en el proyecto.

En la parte inferior derecha de la Figura A.4 se encuentra una ventana (2) con los botones siguientes: para cargar el programa, ejecutar etc.

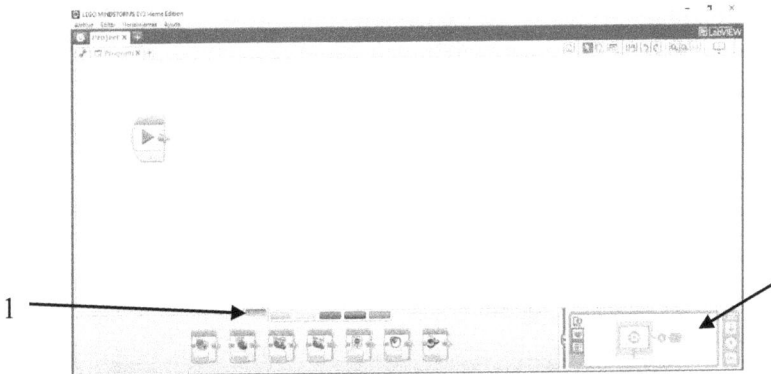

Figura A.4. Entorno de programación LEGO MINDSTORMS EV3

La Figura A.5 muestra los botones; información del bloque (1), donde se puede observar la cantidad de memoria que se está utilizando del ladrillo EV3, vista del puerto (2), muestra información sobre los sensores y motores conectados al ladrillo EV3, bloques disponibles (3) muestra los ladrillos disponibles para establecer una conexión, cargar (4) descarga los proyectos o el proyecto elegido al ladrillo EV3, ejecutar (5) descarga el programa al ladrillo y lo ejecuta inmediatamente, cargar y ejecutar (6) descarga al ladrillo EV3 los bloques seleccionados y los ejecuta.

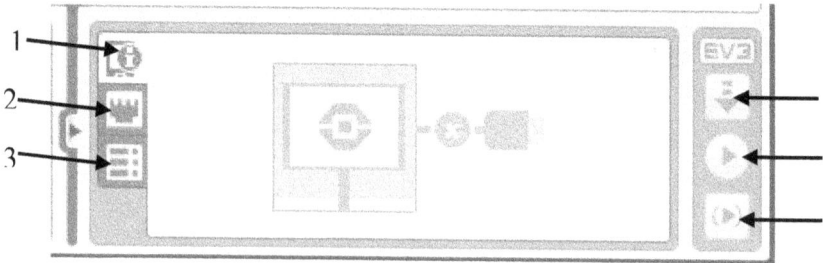

Figura A.5. Ventana de conexión del bloque EV3

A.3 CARGANDO EL FIRMWARE EN EL EV3

Para poder "cargar" en la memoria interna del ladrillo LEGO EV3 un programa creado en el software, es necesario primero actualizar la versión del *firmware*. Para este fin, es necesario conectar el ladrillo EV3 a la computadora mediante un cable USB o por *Bluetooth* (ver Figura A.6).

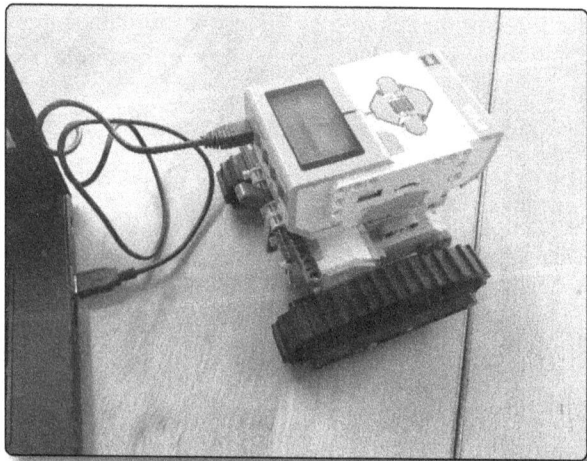

Figura A.6. Conexión USB del EV3 a la computadora

En el menú del software EV3 se tiene que seleccionar *Herramientas/Actualización de Firmware* con lo que aparecerá una ventana como la que se indica en la Figura A.7.

Solo habrá que dar clic en "Actualizar Firmware" y el *firmware* estará "cargado" en la memoria interna del EV3.

Antes de poder programar al EV3, es necesario primero "cargar" el firmware.

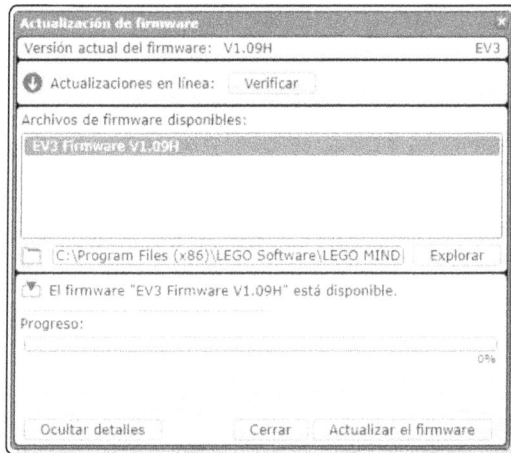

Figura A.7. Cargando el firmware en el EV3

Una vez cargado el firmware en el EV3 tu robot está listo para descargar los programas realizados en el software LEGO MINDSTORMS EV3 y ejecutarlos.

A.4 IMPORTAR BLOQUES PARA AGREGAR SENSORES

El software LEGO MINDSTROMS EV3 reconoce los sensores del lego NXT y de otros fabricantes como Hitachi. Para efectuar la programación, es necesario importar los bloques en el entorno, lo primero que se debe hacer es descargar el archivo del fabricante, por ejemplo, si desea usar el sensor de sonido del NXT como en la práctica 2.1 Robot encuentra sonido, diríjase a la dirección siguiente:

https://www.lego.com/es-ar/mindstorms/downloads

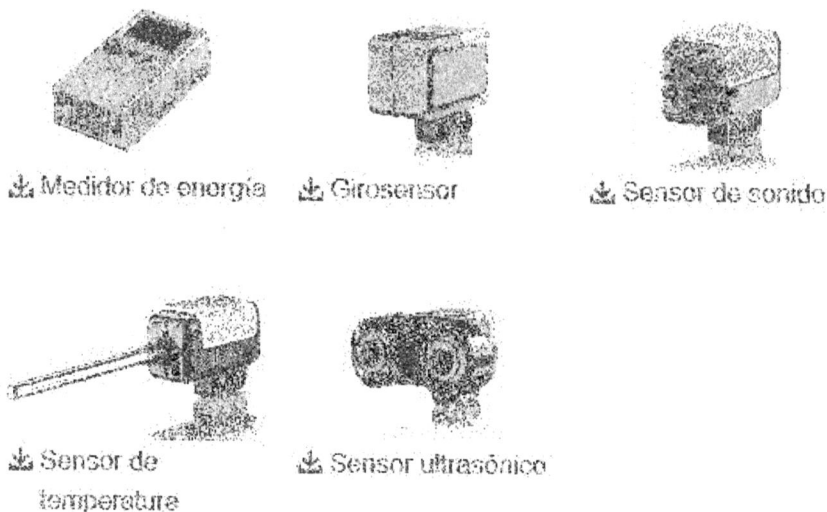

⚓ Medidor de energía   ⚓ Girosensor   ⚓ Sensor de sonido

⚓ Sensor de
temperatura   ⚓ Sensor ultrasónico

Figura A.8. Pagina para descarga de sensores LEGO

Se descargará el archivo *Sound.ev3b*.

Deberá abrir el software LEGO MINDSTORMS EV3 y en el menú de opciones elegir la pestaña de *Herramientas*, en el menú desplegable seleccione la opción *Asistente de importación de bloques* como lo muestra la Figura A.9

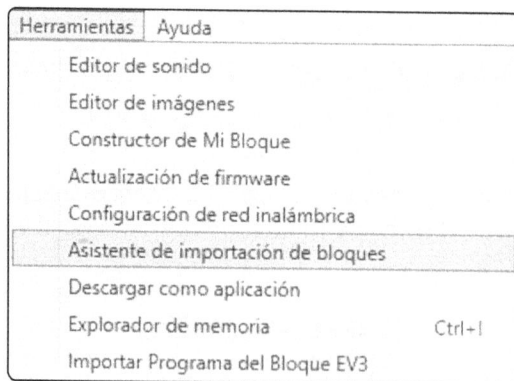

Herramientas	Ayuda
Editor de sonido	
Editor de imágenes	
Constructor de Mi Bloque	
Actualización de firmware	
Configuración de red inalámbrica	
Asistente de importación de bloques	
Descargar como aplicación	
Explorador de memoria	Ctrl+I
Importar Programa del Bloque EV3	

Figura A.9. Asistente de importación

Después de seleccionar el asistente, se muestra una ventana como la de la Figura A.10, donde será necesario seleccionar en la lista que aparece, el archivo correspondiente al bloque que se requiere importar. Si no aparece el archivo indicado, deberá dar clic en el botón *Explorar* y elegir la ruta donde se encuentra, por último, seleccione *importar.*

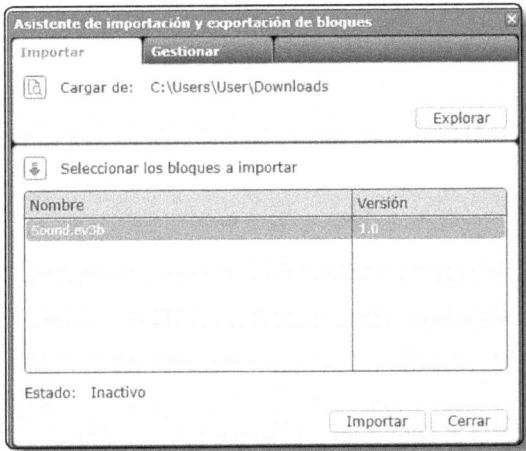

Figura A.10. Asistente de importación

Una vez importado el archivo Sound.ev3b aparece la ventana de la Figura A.11, que indica que la importación ha sido exitosa. Seleccione Aceptar y reinicie el editor.

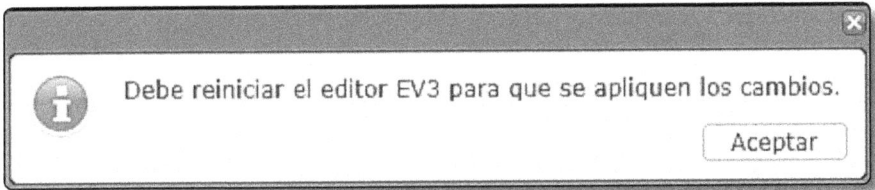

Figura A.11. Importación exitosa

A.5 CALIBRAR SENSOR DE COLOR

Para obtener los valores adecuados con los que el sensor de color trabajará mejor al cambiar de entorno, lo cual significa que los niveles de luz pueden llegar a ser diferentes y el proyecto fallar o no funcionar de la mejor manera, es necesario calibrar el sensor.

Para ello, se crea un programa que muestre en la pantalla los valores correspondientes a la intensidad de luz reflejada, cuando el sensor se encuentra sobre una superficie blanca y cuando esta sobre una superficie oscura o negra, por ejemplo, para la actividad del robot sigue líneas.

El programa es el siguiente:

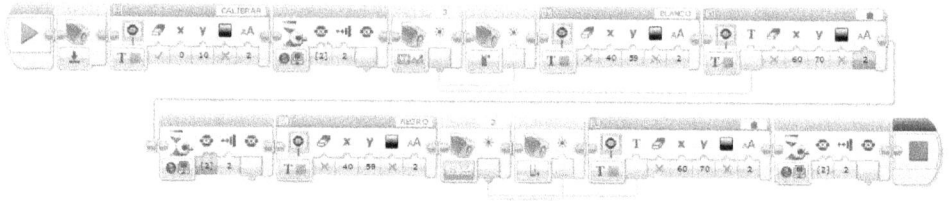

Figura A.12. Programa para calibrar el sensor de color

Una vez ejecutado el programa en el EV3 el sensor se encuentra listo para usar los valores calculados según la intensidad de luz reflejada.

A.6 SIMULACIÓN CON ROBOT VIRTUAL WORLDS

Robot Virtual Worlds (RVW®) es un software de simulación ideal para aprender a programar un robot, en este caso EV3 de lego en un entorno virtual, perteneciente a Robomatter Inc, quien también distribuye RobotC (entorno de programación para lenguaje C) del cual trataremos en el capítulo 3.

Por ahora RVW® solo funciona con lego mindstorm para NXT-G, EV3-G y labVIEW por medio de Virtual Brick, para RobotC el paquete contiene su propio entorno.

Para poder usar el robot virtual debe descargar el archivo VirtualBrick2522.exe de la página *http://robotvirtualworlds.com/virtualbrick/* e instalarlo. La instalación resulta ser muy sencilla por lo que no se considera necesario explicarla.

A.7 CONFIGURACIÓN Y USO DE RVW®

Una vez instalado el software correspondiente al ladrillo virtual (Launch Virtual Brick) al iniciar el programa se abrirá la ventana correspondiente a la Figura A.13 a), selecciona en el menú la opción *Target World* y la opción *Introduction to EV3* como se muestra en la Figura A.13 b).

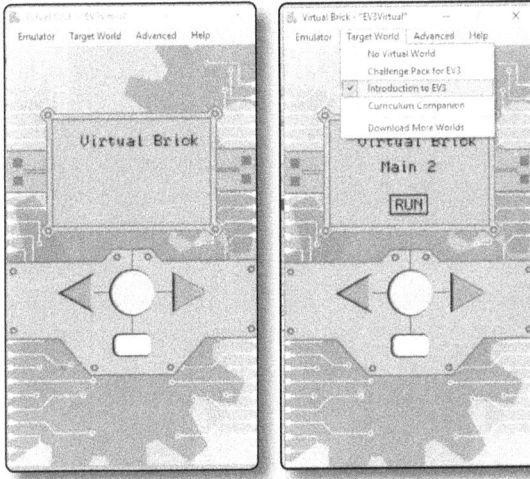

Figura A.13. Ladrillo virtual. a) Ventana inicial b) Configuración del ladrillo

Una vez seleccionada la opción *Introduction to EV3* aparece una ventana en la que es necesario iniciar sesión, deberá crear una cuenta inicialmente. Figura A.14.

Asegúrate que en la opción del menu Emulator no exista ninguna opción seleccionada.

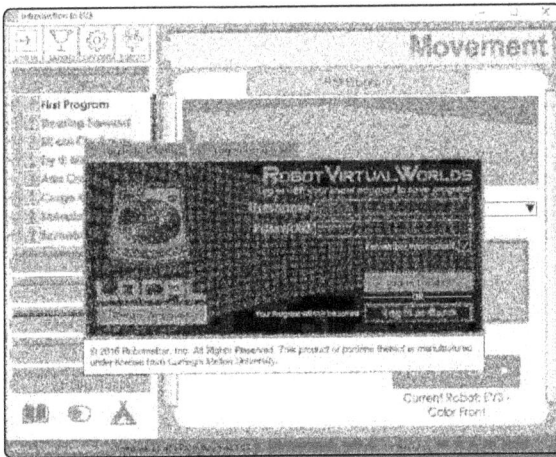

Figura A.14. Ventana de inicio de sesión

Al crear la cuenta puede seleccionar en crearla en log In to CS2N el cual nos envía a la página *http://www.cs2n.org/signup* para el registro, o bien se puede crear la cuenta en Log In Locally donde nos mostrará sobre la misma ventana la información para el registro. En este caso iniciaremos sesión en Log In Locally.

A continuación, inicie el software de programación, que es LEGO MINDSTORMS EV3 Home Edition, una vez iniciado el software de LEGO abrimos un proyecto nuevo o bien uno existente, es importante aclarar que el ladrillo virtual tiene las características del NXT, por lo que algunas funciones o sensores pertenecientes al EV3 no serán válidos, en ese caso se recomienda cambiar la instrucción, observe que en la ventana inferior derecha aparece conectado nuestro ladrillo virtual, la Figura A.15 lo muestra.

Figura A.15. Conexión del ladrillo virtual con el Lego Mindstorms EV3

La Ventana correspondiente a la Figura A.15 funciona de la misma manera que se ha mencionado anteriormente en la Figura A.5, para la carga de programas en el robot, ejecución, etc.

Si se ha cargado un programa en el robot virtual, es necesario seleccionar la locación que se desea utilizar, la cual debe cumplir con las características de lo que se desea probar, elegir el robot que contenga los sensores necesarios o bien el recomendado para la locación seleccionada. La Figura A.16 muestra la ventana con las opciones de elección. 1.- Botón para seleccionar el robot; 2.- opciones para elegir el nivel, bajo, medio, alto; 3.- ventana de inicio de sesión; 4.- archivo pdf para reconocimientos; 5.- el menú de locaciones organizado por comportamiento; 6.- botón de inicio para mostrar la ventana de simulación; 7.- botón que cambia el menú del punto 5 organizándolo por sensores.

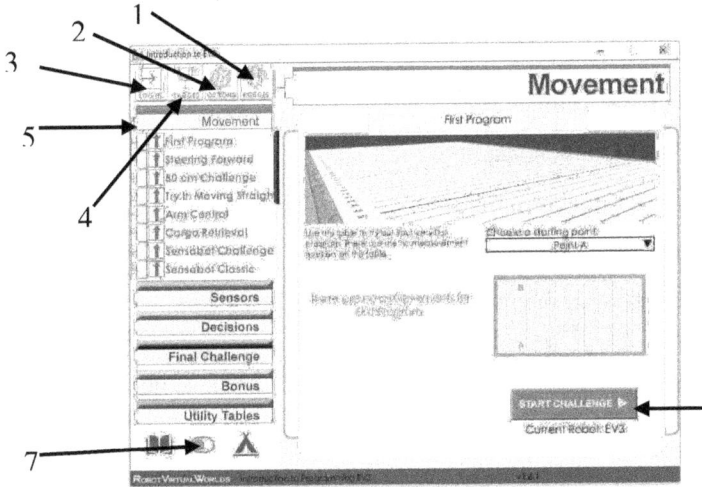

Figura A.16. Ventana de opciones del simulador

Una vez seleccionado el robot y la locación se presiona el botón *start challenge* y mostrara una ventana como la de la Figura A.17.

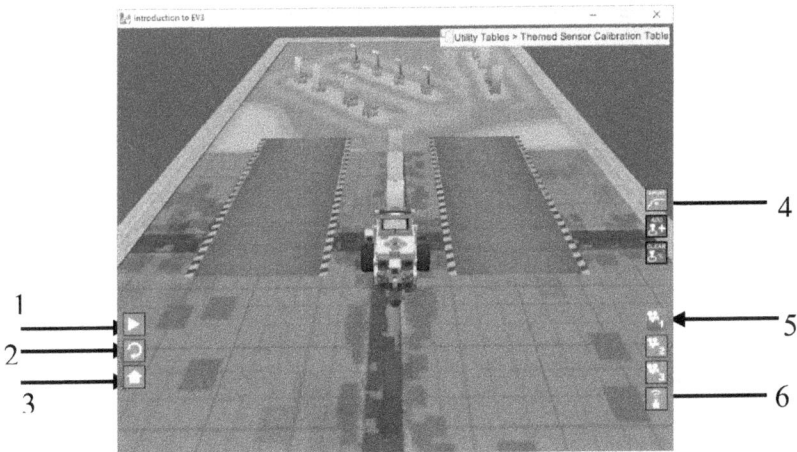

Figura A.17. Ventana de simulación de programa

Donde la función de los botones es la siguiente:

1. Inicio y pause.

2. Reiniciar simulación.

3. Volver a la ventana anterior.

4. Mostrar el centro del robot, marcando una línea recta.

5. Cambiar vista, de la cual existen 3.

6. Observar visiblemente el alcance del sensor.

También, mediante los botones del virtual brick se puede iniciar y detener el programa, la pantalla muestra el nombre del programa en ejecución como lo muestra la Figura A.18.

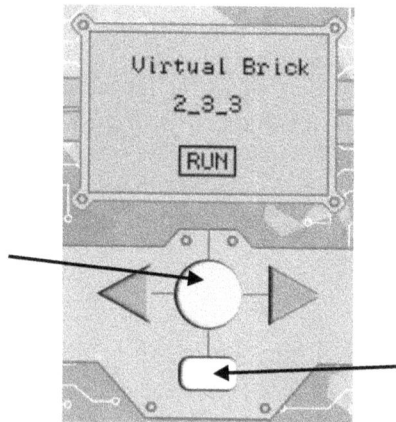

Figura A.18. Ladrillo virtual

Apéndice B

B.1 INSTALACIÓN

ROBOTC es el primer lenguaje de programación para robótica educativa basado en C con un entorno de desarrollo fácil de usar, permite realizar algunas simulaciones y descargar los proyectos en el ladrillo lego Mindstorm EV3. Para iniciar es necesario realizar los pasos siguientes:

1. Descargar una versión de evaluación o comprar el programa dentro de la página oficial de ROBOTC (*http://www.robotc.net/download/lego/*), ver figura B.1.

2. Instalar el software ROBOTC siguiendo los pasos indicados dentro del instalador.

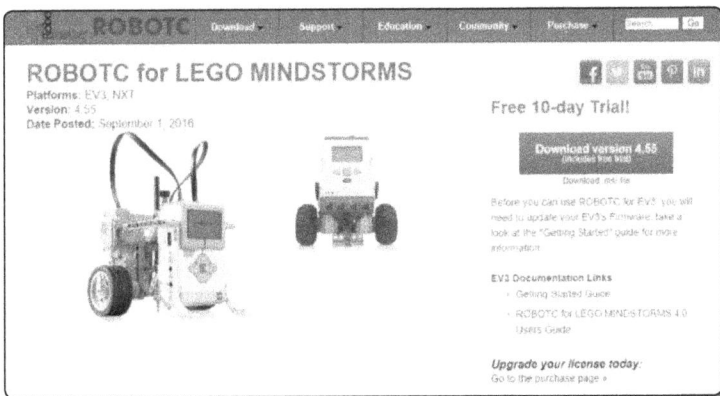

Figura B.1. Vista principal de la página oficial ROBOTC

La figura B.2 muestra el entorno y un programa con las funciones más usadas del ROBOTC. Del lado izquierdo de esa figura B.2 (1) se encuentra la librería de funciones *Text Function* mostrando las librerías necesarias para la programación de estructuras de control (*control structure*), EV3 LED, funciones matemáticas (*Math*), motores (*Servos*), sensores (*Sensors*), contadores (*Timing*), etc. En la parte central (2) se mostrará el código en lenguaje C correspondiente al programa. En la parte inferior (3) se despliegan los errores generados durante la compilación del programa. En la parte superior se encuentra el menú de opciones en el (4) se encuentra el botón compilar programa, botón correspondiente a descargar el programa en el robot (5).

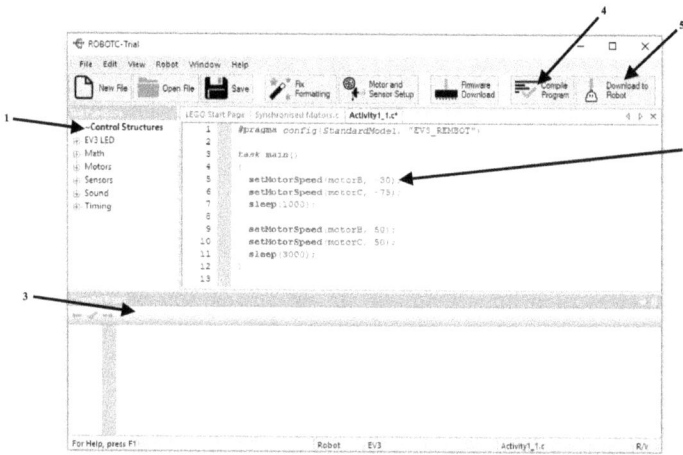

Figura B.50 Entorno ROBOTC y secciones más importantes.

Figura B.2. Entorno ROBOTC y secciones más importantes

Si se da doble clic a una de estas librerías y se posiciona el cursor del ratón sobre una de ellas se puede observar una breve descripción de esta como se puede ver en la figura B.3.

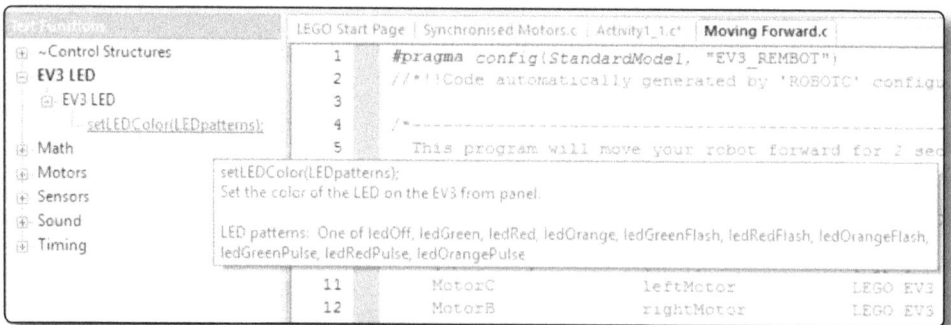

Figura B.3. Descripción de librerías

B.2 DESCARGA DEL FIRMWARE AL LADRILLO EV3

Antes de poder ejecutar un programa creado en el *ROBOTC*, debe descargarse el *firmware* en el ladrillo EV3. Es indispensable tener conectado al puerto USB y encendido el ladrillo EV3 antes de cargar el *firmware*. La manera de hacerlo es seguir los siguientes pasos:

1. Seguir la siguiente ruta desde el menú de ROBOTC: *Robot/Down load EV3 Linux kernel / Estándar File LinuxImage_107x.bln.* Entonces una ventana como la mostrada en la Figura B.4 b) se abrirá.

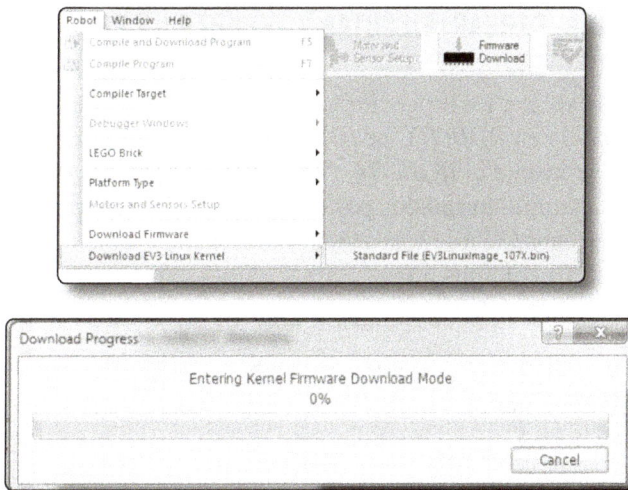

Figura B.4. Ruta para abrir ventana del Firmware/Kernel

2. Una vez actualizado el *kernel/firmware* Seleccionar *Robot/Download Firmware* (Figura B.5). Entonces se abrirá otra ventana que indica el progreso de descarga.

Figura B.5. a) Ruta para abrir ventana del Firmware. b) Descarga exitosa del firmware

En este momento el ladrillo EV3 está listo para recibir un programa compilado en ROBOTC.

> Es indispensable tener conectado al puerto USB y encendido el ladrillo EV3 antes de cargar el firmware.

B.3 COMPILAR, CARGAR, EJECUTAR Y DEPURAR UN PROGRAMA

Para explicar los procedimientos de compilar, cargar y ejecutar que cualquier programa creado en *ROBOTC* necesita, se selecciona uno de los programas ejemplo con los que se instala el *ROBOTC* (ver Figura B.6). Este programa se encuentra en los archivos ejemplo instalados por el *ROBOTC*. La ruta para abrir el programa es: *"File / Open Sample Program / Basic Movenments / Moving Forward*, el código de este se muestra a continuación:

```
1  #pragma config(Motor,  motor1, leftMotor, tmotorVexIQ, openLoop, encoder)
2  #pragma config(Motor,  motor6, rightMotor, tmotorVexIQ, openLoop,
   reversed, encoder)
3  task main() {
4      setMotorSpeed(leftMotor, 50);
5      setMotorSpeed(rightMotor, 50);
6      sleep(2000);                       //Espera 2 segundos
7  }
```

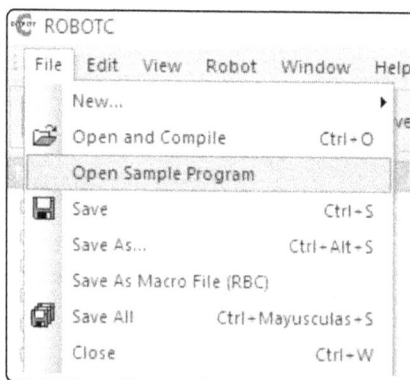

Figura B.6. Carpeta de programas ejemplo

Específicamente es un programa para mover simultáneamente hacia delante un par de motores conectados a los puertos C y B del ladrillo EV3, con una duración de 2 segundos. Es muy importante antes de compilar, seleccionar la plataforma adecuada como se muestra en la Figura B.7.

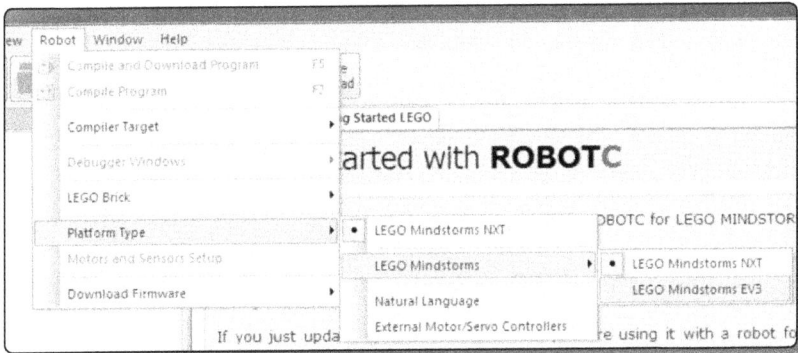

Figura B.7. Seleccionar plataforma Mindstorms EV3

Antes de compilar, seleccionar la plataforma Lego Mindstorm EV3 desde el menú de ROBOTC.

Para compilar y descargar el programa en el ladrillo EV3 se realiza lo siguiente:

1. Debe seguir la ruta *Robot/Compile and Download Program*. Si no existe ningún error de programación, aparecerá brevemente una ventana indicando la descarga.

   También puede utilizar los botones compilar programa o descargar al robot. Figura B.8.

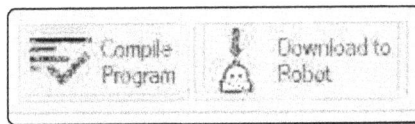

Figura B.8. Botones para compilar y cargar los programas en el robot

2. A continuación, aparecerá una ventana de depuración o *Debug* del programa descargado (ver Figura B.9).

Dar clic a *Start* para iniciar la ejecución del programa en el ladrillo.

También es posible ejecutar paso a paso el programa dando un clic a la vez en *Step Into* de la misma ventana y observar que sucede con cada instrucción.

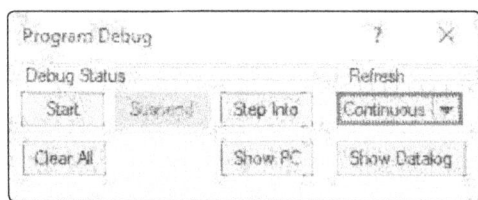

Figura B.9. Ventana de depuración o Debug del programa descargado

Una descripción completa de las funciones del *Program Debug* se muestra en la Tabla B.1.

Función	Significado
Start/ Stop	Inicia o detiene la ejecución del programa
Suspend	Suspende temporalmente la ejecución del programa
Once	Opción en la que tiene la habilidad de actualizar el programa desde el depurador. También puede detener continuamente el actualizado del depurador
Continuous/Stop	Inicia o detiene las actualizaciones continuas de la ventana del depurador
Step	Permite detener el programa para poder ser ejecutado línea por línea. Nota: existen "algunas" líneas de código complicadas, especialmente líneas de código que causan una ruptura esencial en la ejecución del programa como el "for" o "while"

Tabla B.1. Descripción de las funciones del Program Debug

B.4 ESTRUCTURA DE UN PROGRAMA

Al programar el ladrillo EV3 es conveniente conocer la estructura que los archivos deben tener para poder ser compilados y usados en el robot correctamente.

En la Tabla B.2, se presentan las partes de un programa en ROBOTC. Algunas de estas se podrán omitir durante la programación dependiendo de la aplicación que se esté desarrollando, así como las necesidades.

Configuración Pragma
Es encargada de la configuración de actuadores y sensores.

#includes   (Opcional)
Esta parte incluye las librerías que permiten conectar otros sensores de terceras compañías, usar otras instrucciones extra a las instrucciones base de RobotC.

#define   (Opcional)
Declaración de constantes.

Tipos de Datos   (Opcional)
Estructuras de datos o tipos de datos definidos por el usuario.

Funciones   (Opcional)
Se declara la forma de las funciones, los parámetros y los valores de retorno.

Variables globales   (Opcional)
Variables que pueden leer y modificar desde la función principal o desde alguna función.

Tarea o función principal
Tarea principal suele ser la última, esta llama y coordina a las demás partes.

Tabla B.2. Partes de un programa en RobotC

B.5 PRAGMA: CONFIGURACIÓN DE ACTUADORES Y SENSORES

La instrucción *pragma* () permite configurar sensores y actuadores que se usarán durante la aplicación. En la tabla B.3 se muestra la nomenclatura y significado de la instrucción *pragma* para los sensores, mientras que la tabla B.3 lo hace para los motores.

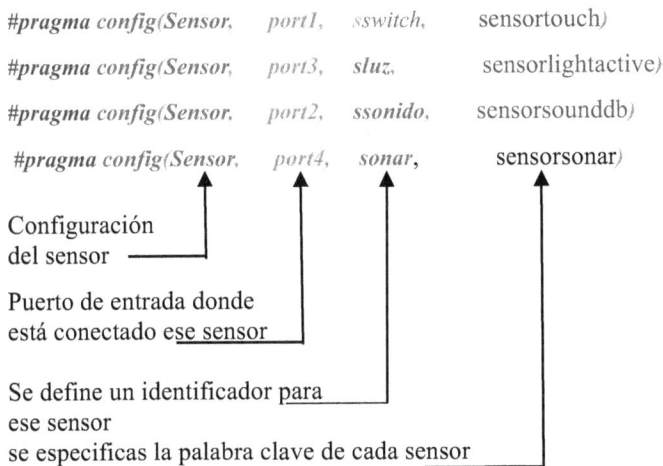

#pragma config(Sensor,   *port1,*   *sswitch,*   sensortouch)

#pragma config(Sensor,   *port3,*   *sluz,*   sensorlightactive)

#pragma config(Sensor.   *port2,*   *ssonido,*   sensorsounddb)

#pragma config(Sensor,   *port4,*   *sonar,*   sensorsonar)

Configuración
del sensor ──────

Puerto de entrada donde
está conectado ese sensor

Se define un identificador para
ese sensor
se especificas la palabra clave de cada sensor

Tabla B.3. Nomenclatura pragma para los sensores

#pragma config (motor, *motora,* *derecho,* tmotornormal, pidcontrol , reversed *)*

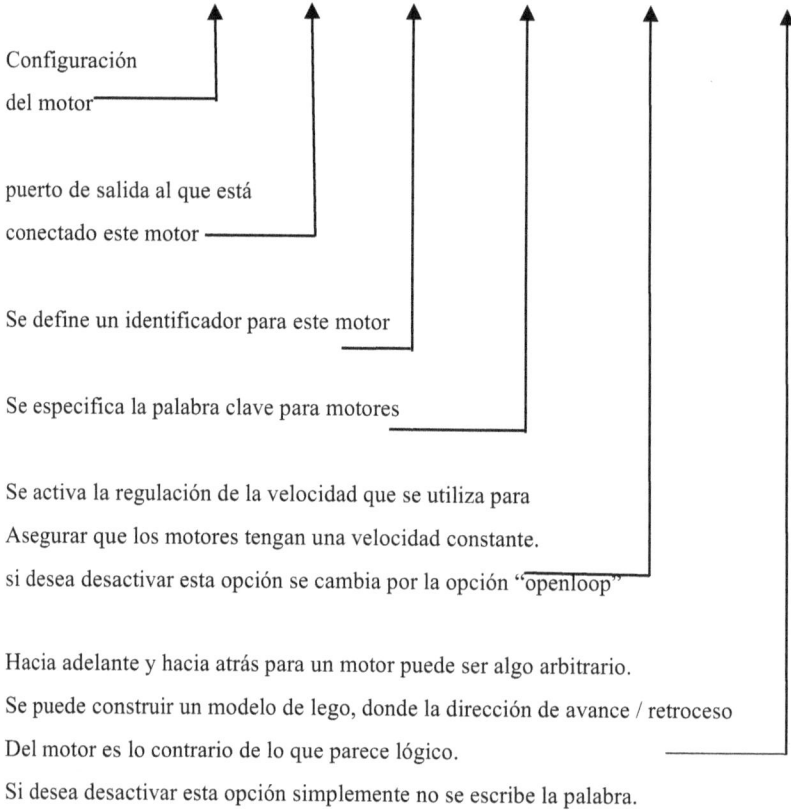

Configuración

del motor

puerto de salida al que está

conectado este motor

Se define un identificador para este motor

Se especifica la palabra clave para motores

Se activa la regulación de la velocidad que se utiliza para

Asegurar que los motores tengan una velocidad constante.

si desea desactivar esta opción se cambia por la opción "openloop"

Hacia adelante y hacia atrás para un motor puede ser algo arbitrario.

Se puede construir un modelo de lego, donde la dirección de avance / retroceso

Del motor es lo contrario de lo que parece lógico.

Si desea desactivar esta opción simplemente no se escribe la palabra.

Tabla B.4. Nomenclatura pragma para los motores

B.6 SIMULACIÓN RVW (ROBOT VIRTUAL WORLDS)

La herramienta RVW se ofrece para su instalación en la página de RobotC (*http://www.robotvirtualworlds.com/intro-to-ev3/*) y se ejecuta independiente del RobotC, es decir, es un nuevo programa con funciones reducidas en comparación a las ofrecidas en ROBOTC, pero en donde se puede compilar, depurar y descargar el programa en un robot virtual como lo vimos en el capítulo 2.

Para usar la herramienta correctamente, si se encuentra en RobotC es necesario elegir la opción *Virtual Worlds* como se muestra en la Figura B.10.

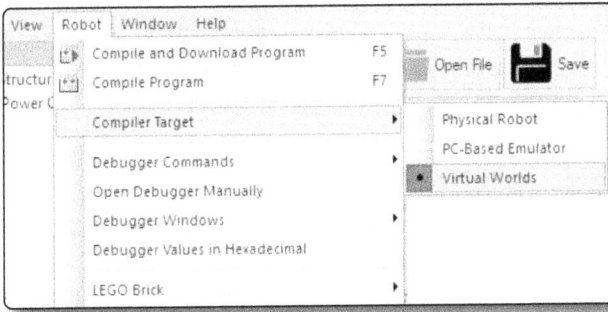

Figura B.10. Configurar RobotC para usar RVW

Si se inicia la aplicación sin antes haber iniciado robotC no es necesario realizar los pasos de la Figura B10.

En algunos proyectos es necesario observar la pantalla del robot, para ello deberá activar la opción EV3 Remote Screen. Como se muestra en la figura B.11 a) donde deberá elegir del menú de opciones *Robot/ Debugger Windows/ EV3 remote screen*. La Figura B.11 b) muestra la simulación de la pantalla del robot.

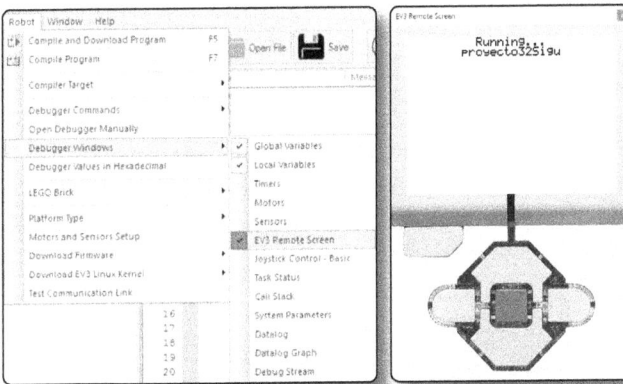

Figura B.11. a) Elección de Ventana virtual del robot b) Ventana pantalla del EV3

Como puede observarse está herramientas ofrece la visualización de la pantalla LCD del ladrillo EV3, para depurar el programa.

Para activar la opción EV3 Remote Screen es necesario compilar y descargar en el robot el programa.

Una vez que el programa ha sido compilado y se descarga en el robot virtual, se abre una ventana donde se elige el robot que contenga los sensores adecuados para efectuar correctamente la práctica, así como la pista o entorno que cuente con los rasgos necesarios para probar la efectividad del programa.

La figura B.12 a) muestra la ventana del entorno RVW para RobotC y el inciso b) muestra la elección del entorno.

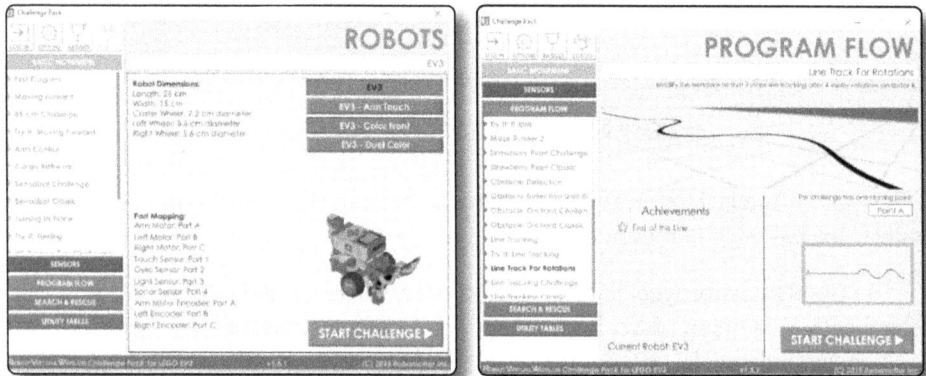

Figura B.12. a) Selección de robot b) elección de locación.

Por último, al presionar el botón *START CHALLENGE* aparece una ventana como la que se muestra en la figura B.13. En la parte inferior izquierda de esa ventana se aprecia el botón de inicio/alto del programa, el de interrupción del programa y posicionamiento del robot en el punto inicial *y el botón de regresar a la ventana anterior,* además para apreciar mejor el comportamiento del robot puede usar los botones de la parte inferior derecha de la ventana los cuales permiten cambiarse a una vista desde arriba.

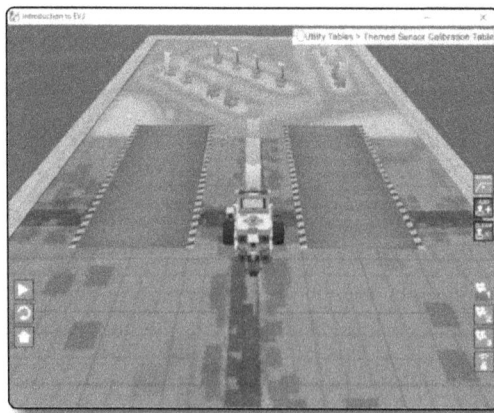

Figura B.13. Entorno de Simulación

Una vez que el robot cumple con el objetivo, se mostrará una imagen como la de la Figura B.14 indicando que la tarea esta completada y que has ganado una insignia.

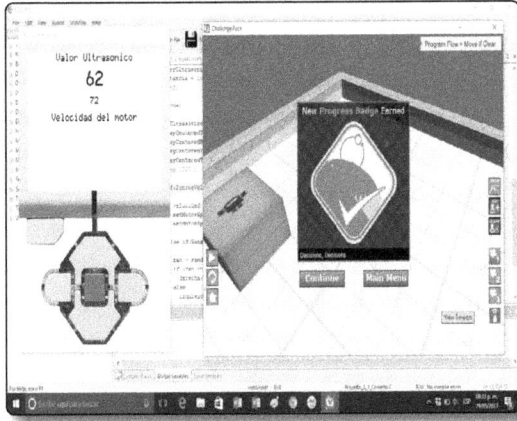

Figura B.14. Nueva insignia ganada

Para terminar la simulación solo cierre la ventana o bien utilice los botones de la ventana correspondiente a *Robot Virtual Worlds (RVW)*. Que se muestran en la Figura B.15.

Figura B.15. Botones para detener la simulación o para iniciarla

Apéndice C

Lejos es un proyecto de código abierto alojado en sourceforge, originalmente creado por el proyecto TinyVM que implementó una máquina virtual de Java para el LEGO Mindstorms RCX.

Para comenzar a programar en leJOS se necesita descargar las herramientas necesarias, es posible realizar esta descarga por separado o bien algunas de estas herramientas se pueden descargar por conjunto. Es decir, en la red es posible encontrar paquetes que de forma automática direccionan a las páginas donde están los programas a instalar, esto evita que se vaya manualmente a cada dirección a realizar la descarga e instalación de la herramienta.

C.1 LEJOS EV3

Lejos EV3 es una pequeña máquina virtual de java que puede ser descargada en la siguiente dirección *https://sourceforge.net/projects/ev3.lejos.p/files/* son dos archivos, uno para el EV3 y otro para la computadora, y al instalarse se dispondrá de lo siguiente:

Máquina virtual de java en una tarjeta SD

Una librería de clases Java (Clases.jar) que implementa la interfaz de programación de aplicaciones leJOS EV3 (API) y ofrece una alternativa de ejecución de Java.

Un enlazador para ligar las clases de Java con las clases *.jar* y así crear los archivos binarios que pueden cargarse y correr en el EV3.

Una API para la PC que auxilia en escribir programas de computadora que se comuniquen con los programas del EV3 utilizando flujos de Java a través de *Bluetooth*, USB, wifi, o bien bajo el protocolo de comunicación de LEGO (LCP).

Programas de ejemplo para el EV3

C.1.1 Preparando el LeJOS para Windows

En la página *https://sourceforge.net/projects/ev3.lejos.p/files/* hay un archivo para descargar llamado *leJOS_EV3_0.9.1-beta_win32_setup.exe* (41.8 MB) se tiene que descargar y ejecutar, al hacerlo se observará la siguiente pantalla:

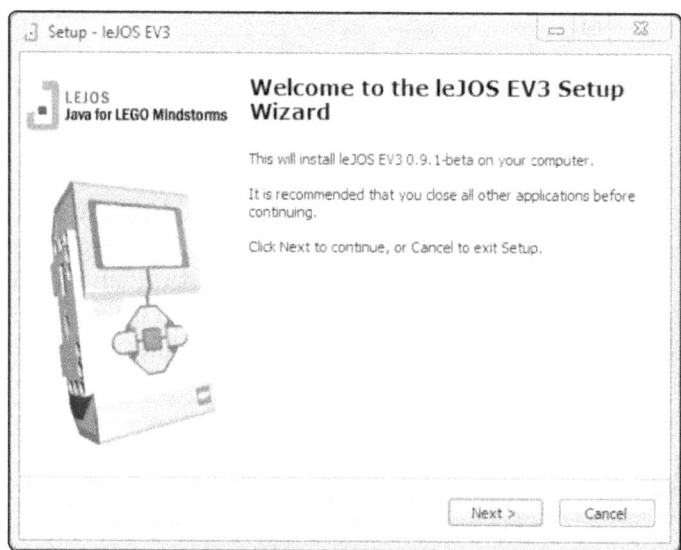

Figura C.1. Pantalla inicial para instalar leJOS EV3

Haga clic en "Next". El instalador le pedirá que seleccione la carpeta donde se encuentra el Kit de Desarrollo de Java o JDK. No es posible continuar la instalación sin realizar esto, por tanto si aún no se cuenta con el JDK se debe presionar el botón de *"Download JDK"*, para realizar la descarga, instalación del JDK de 32 bits y reiniciar el instalador. Vea la Figura C.3 para más información.

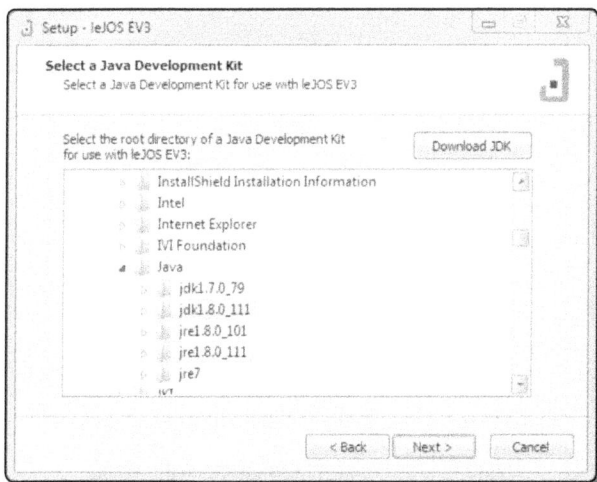

Figura C.2. Selección del directorio JDK

El siguiente paso es seleccionar el directorio destino en el cual leJOS será instalado como lo muestra la ventana C.3.

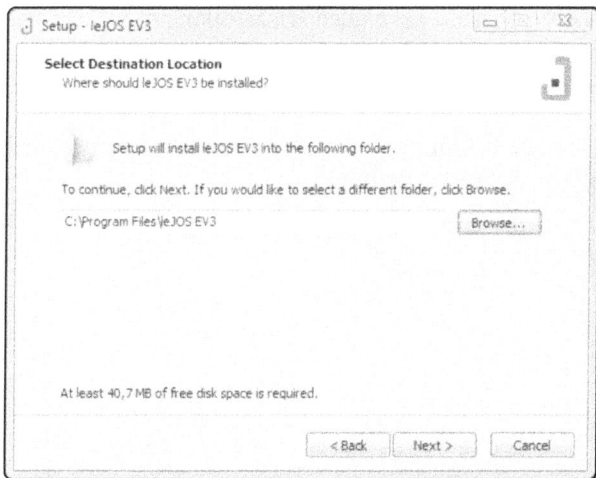

Figura C.3. Selección de directorio destino

En la ventana de la Figura C.4 se pueden elegir los componentes a instalar.

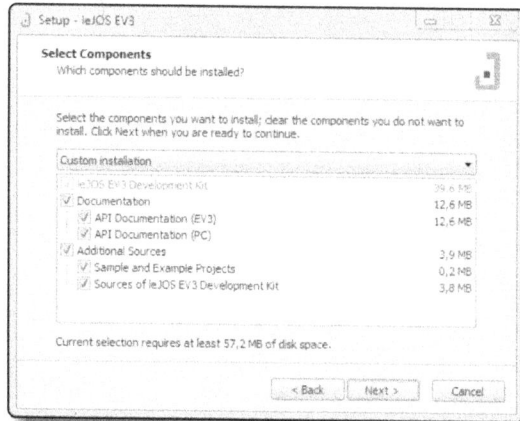

Figura C.4. Selección de componentes a instalar

En este punto se puede elegir omitir la documentación, que es la interfaz de programación de aplicaciones (API) y también está disponible en línea, o se puede instalar todo, incluyendo las fuentes adicionales. Los ejemplos y proyectos también están disponibles en el archivo Zip que es parte del Kit de desarrollo de leJOS. El código fuente del Kit de desarrollo de leJOS puede modificarse y adicionar herramientas a leJOS. Si solo se planea desarrollar programas basados en leJOS y no modificar componentes del mismo, entonces no es necesario seleccionarlo. Para seguir los ejemplos de este libro se recomienda instalar todos los componentes.

En la ventana de la Figura C. 5 se permite crear el acceso directo al programa de leJOS en la carpeta del menú de Inicio.

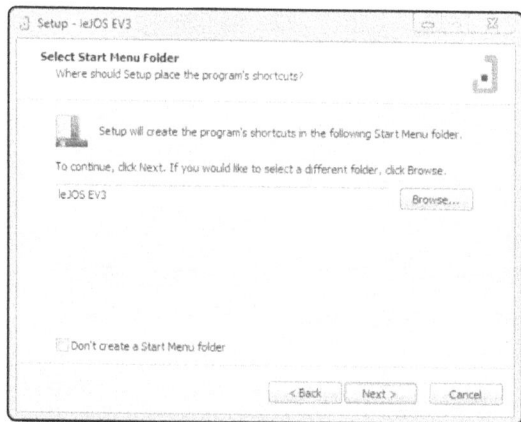

Figura C.5. Nombre de acceso directo

En seguida se muestra en forma resumida todas las características que se eligieron para su revisión y posteriormente la instalación Figura C. 6. Si no desea iniciar la utilidad *EV3 SD Card*, se debe desactivar la casilla "*Launch EV3SDCard utility*". *EV3 SD Card* permite cargar el sistema de java leJOS en el bloque EV3, el cual es necesario para correr cualquier programa realizado en el LEGO.

Se recuerda al lector que es posible instalarlo posteriormente, en el punto dos se explica a detalle.

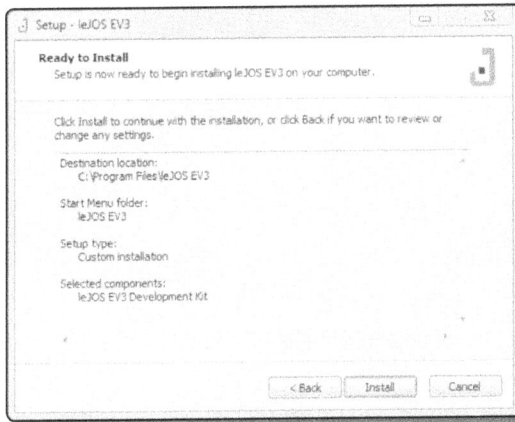

Figura C.6. Resumen de características a instalar

Una vez completada la instalación se observa una ventana igual a la de la Figura C.7.

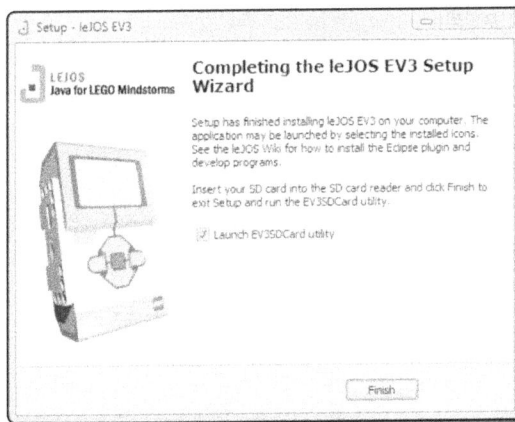

Figura C.7. Instalación completa

A continuación, es necesario conectar una tarjeta SD de 2 GB y dar formato FAT32.

C.1.2 Preparando la tarjeta SD de arranque LeJOS para el Lego EV3 mediante el EV3 SD Card Creator

Terminando la instalación de lejos se abrirá automáticamente la utilidad de creación de una SD de arranque para leJOS como aparece en la Figura C.8.

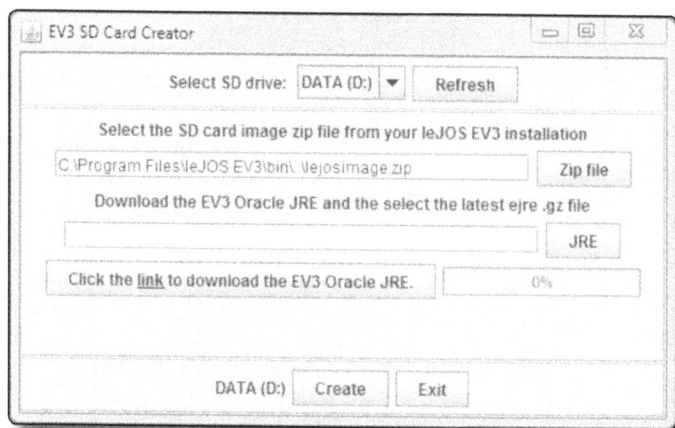

Figura C.8. Utilidad "SD Card Creator"

En esta utilidad debe elegir la tarjeta SD a la que se dará formato, en este ejemplo es la SD500 (G:), la imagen de lejos se selecciona automáticamente aun que también es posible elegir , seleccione el JRE que se descarga desde oracle, si no cuenta con él, haga clic en el botón "*Click the link to download the EV3 Oracle JRE*" que lo lleva a la dirección web:

http://www.oracle.com/technetwork/java/embedded/downloads/javase/ javaseemeddedev3-1982511.html

En esta puede descargar el JRE, se necesita la versión 7 (Figura C. 9. JRE Versión 7) ya que la versión 8 no cuenta con soporte para el EV3, al finalizar este paso tendrá algo parecido o igual a la Figura C. 9. JRE Versión 7 y a la Figura C.10 Utilidad "SD card creator" con los datos ingresados, haga clic en *Create* que envía un mensaje de confirmación (Figura C. 11).

Oracle Java SE Embedded version 7 Update 60

Product / File Description	File Size	Download
ARMv5 Linux - Headless EABI, SoftFP ABI, Little Endian[1]	32 MB	⬇ ejre-7u60-b19-ejre-7u60-fcs-b19-linux-arm-sflt-headless-07_may_2014.tar.gz

Figura C.9. JRE Versión 7

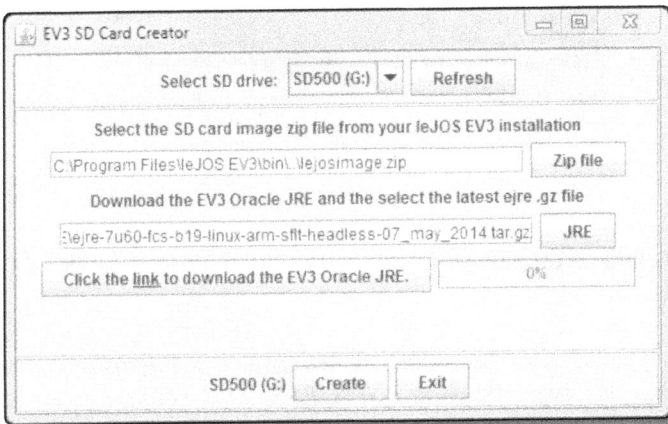

Figura C.10. Utilidad "SD card creator" con los datos ingresados

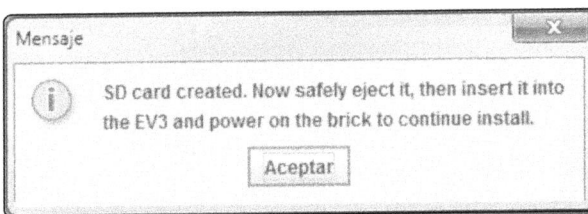

Figura C.11. Mensaje de éxito de la utilidad "SD card creator"

Una vez creado el sistema en la tarjeta procedemos a insertarla en nuestro ladrillo del EV3 (Verificar que esté completamente apagado) y lo encendemos, si no hubo complicaciones en la instalación del sistema en la tarjeta, al encender el EV3 después de la pantalla de inicio "Mindstorms", muestra la instalación de leJOS Figura C.12, esta toma varios minutos en ejecutar, al finalizar ya es posible hacer uso del sistema, si existe algún error la pantalla lo mostrará, en caso de que aparezca un mensaje indicando que necesita la SD con formato FAT32, es necesario ir al punto 3 donde se creará la USB de arranque en modo manual.

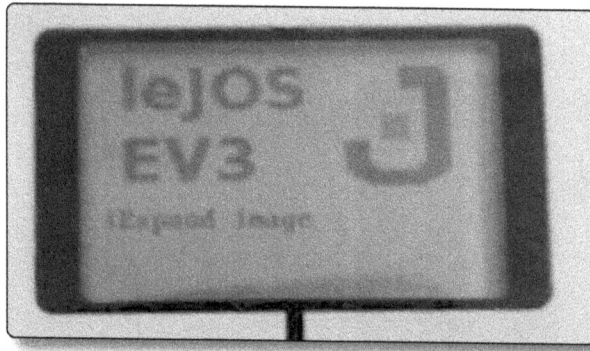

Figura C.12. Pantalla de instalación de lejos

C.1.3 Preparando la tarjeta SD de arranque leJOS para el Lego EV3 de forma MANUAL

En la página *https://sourceforge.net/projects/ev3.lejos.p/files* se encuentra un archivo para descargar llamado *leJOS_EV3_0.9.1-beta.tar.gz* en el interior de la carpeta de *0.9.1-beta* se tiene que descargar y descomprimir y, al hacerlo, se observará la siguiente pantalla:

Nombre	Tipo	Tamaño
lejos	Carpeta de archivos	
leJOS_EV3_0.9.1-beta	Carpeta de archivos	
boot.scr	Protector de pant..	1 KB
lejosimage.bz2	Archivo BZ2	19.614 KB
rootfs.cpio.gz	Archivo GZ	9.198 KB
uImage	Archivo	2.069 KB
version	Archivo	1 KB

Figura C.13. Carpeta de leJOS_EV3_0.9.1-beta

En la Figura C. 13 abra a la carpeta *leJOS_EV3_0.9.1-beta* de la cual usaremos dos archivos, uno se encuentra dentro del comprimido *sd500.zip* y se llama *sd500.img*, el otro va a ser la carpeta de *lejosimage.zip*.

Lo primero que necesitamos es crear una partición de 500 mb en nuestra tarjeta SD, y la forma más sencilla es usando el programa de *win32DiskImager* que se puede descargar desde *https://sourceforge.net/projects/win32diskimager/*, una vez descargado se procede a instalarlo y se abre una ventana igual a la de la Figura C.14.

Figura C.14. Utilidad "Win32 Disk Imager"

Una vez abierto, se selecciona la imagen del EV3 "*sd500.img*" (Figura C.15) que descargamos anteriormente, la cual se ubica dentro de la carpeta de *leJOS_ EV3_0.9.1-beta\leJOS_EV3_0.9.1-beta\sd500.zip* y se presiona en escribir "Write", después de unos momentos saldrá un mensaje de éxito (Figura C.16).

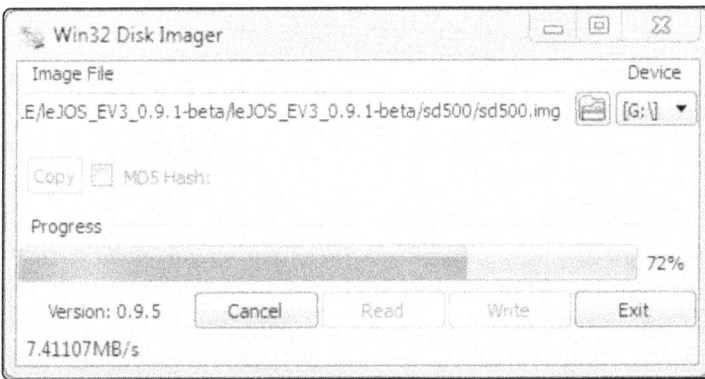

Figura C.15. Utilidad "Win32 Disk Imager" Escribiendo

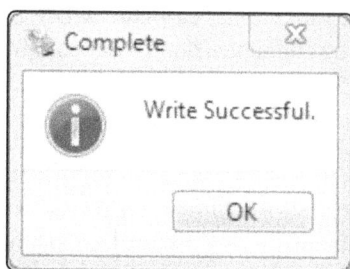

Figura C.16. Mensaje de éxito de escritura

Una vez hecha la partición procedemos a agregar los archivos necesarios para la instalación del sistema de Java, los cuales son la imagen y el JRE.

Primero revisamos que nuestra tarjeta SD no tenga ningún archivo, si contiene algún archivo se debe eliminar, y después descomprimir la carpeta .zip con la imagen de leJOS llamada *lejosimage.zip* que se encuentra en *leJOS_EV3_0.9.1-beta\leJOS_EV3_0.9.1-beta* en nuestra tarjeta SD sin crear carpetas adicionales, consiguiendo algo similar a la Figura C.17.

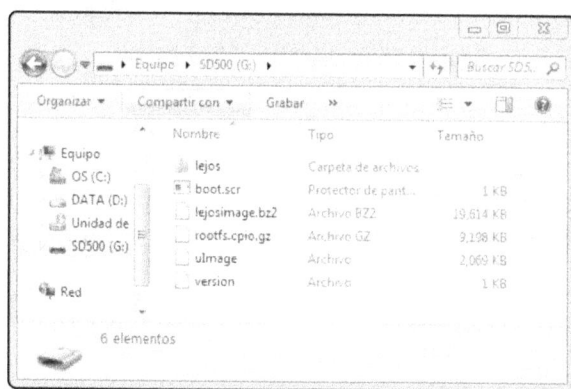

Figura C.17. Tarjeta SD después de usar la utilidad "Win32 Disk Imager" exitosamente

El JRE (versión 7) se copia sin descomprimir, es decir, que pasaremos el archivo terminación .gz, "*ejre-7u60-fcs-b19-linux-arm-sflt-headless-07_may_2014. tar.gz*" que se descarga desde *http://www.oracle.com/technetwork/java/embedded/ downloads/javase/javaseemeddedev3- 1982511.html* directamente a la carpeta, para instrucciones de como descargarlo regrese al punto 2 de esta sección, al final su SD estará como la Figura C.18.

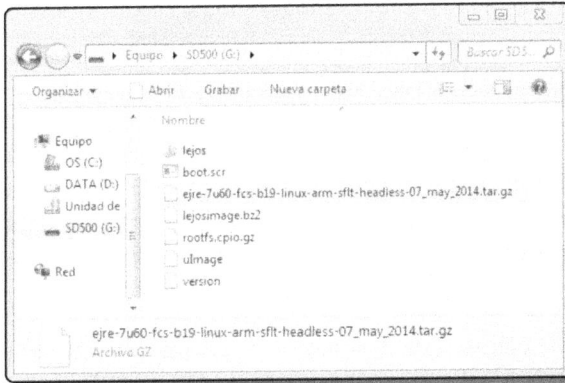

Figura C.18. Tarjeta SD lista para arranque

Y, por último, si la SD ya tiene todos los archivos necesarios, procedemos a retirarla, insértela dentro de la ranura de tarjetas del ladrillo EV3 (verificar que esté completamente apagado) y encienda el robot, si no hubo complicaciones después de la pantalla de inicio de Mindstorms aparecerá la instalación de leJOS Figura C.12, la cual toma varios minutos en instalar, al finalizar ya se podrá hacer uso del mismo.

C.2 KIT DE DESARROLLO DE JAVA (JDK)

Se necesita en la computadora el kit de desarrollo de Java (JDK). Se debe tener en cuenta que el entorno de ejecución JRE (*Java Runtime Environment*) no es suficiente, puesto que no nos permite compilar programas Java. Si aún no se cuenta con esta herramienta se puede proceder a descargar la última versión de JDK en *http://www.oracle.com/technetwork/java/javase/downloads/jdk8-downloads-2133151.html* o la recomendada por este libro que es el JDK 1.7 desde *http://www.oracle.com/technetwork/es/java/javase/downloads/jdk7-downloads-1880260.html.*

El leJOS EV3 no solo trabaja con la versión de JDK y JRE de 32 bits como lo es el NXT, por lo que se puede descargar también la versión de 64 bits, pero se debe tener en cuenta que eclipse de 32 bits no funciona con el JDK de 64 bits por lo que se debe asegurarse de descargar el JDK y el JRE de 64 bits si solo se va a usar para el EV3, o los de 32 bits si también se va a usar el NXT.

C.3 ECLIPSE

Es posible hacer un programa en el lenguaje de leJOS EV3 utilizando un editor de palabras simple como lo es el bloc de notas y realizar una compilación de dicho programa en línea de comandos. Sin embargo, se cuenta con herramientas que simplifican el escrito e indican si hay errores de sintaxis, dando sugerencias de corrección. Una de estas herramientas es el entorno de desarrollo integrado Eclipse el cual se puede descargar de la siguiente dirección: *http://www.eclipse .org/ downloads/.*

Una vez que eclipse está instalado, se hace clic en el menú Ayuda y luego en Instalar nuevo software, tal y como lo muestra la Figura C.19.

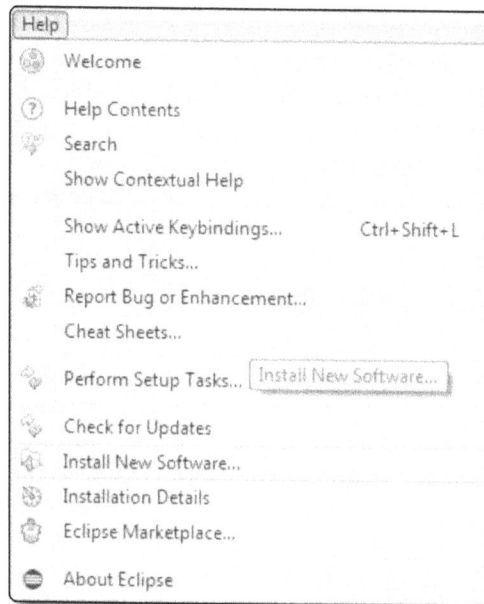

Figura C.19. Instalación Plugin LeJOS

En el cuadro de diálogo que aparece en la Figura C.20, se debe teclear la dirección de leJOS (LeJOS Update Site – *http://lejos.sourceforge.net/tools/eclipse/ plugin/ev3/)* o *LeJOS EV3* – *http://www.lejos.org/tools/eclipse/plugin/ev3/* al encontrar el servidor aparecerá el complemento que se necesita, se debe seleccionar este y después presionar finalizar.

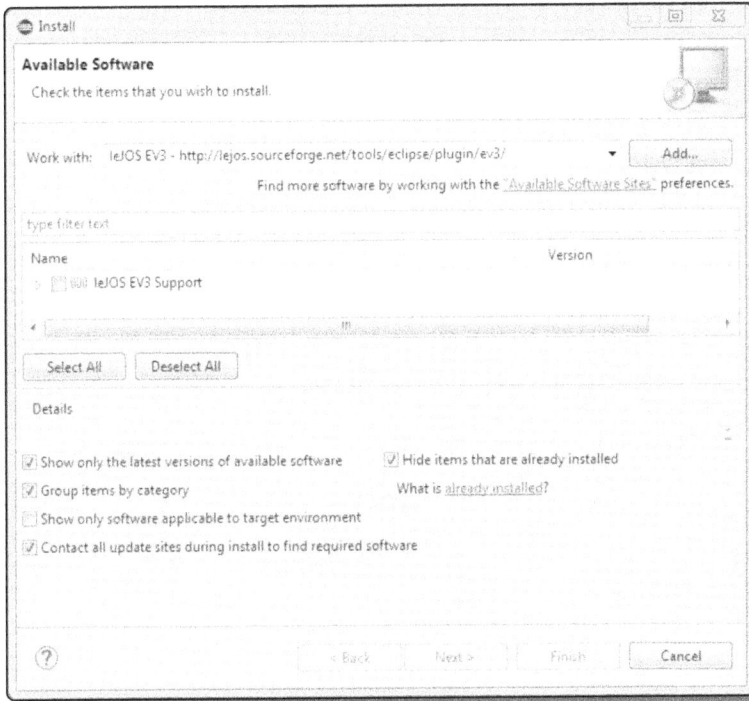

Figura C.20. Servidor leJOS para descarga de plugin

Una vez hecho esto, se hace clic en el menú Ventana y luego en preferencias como lo muestra la Figura C.21.

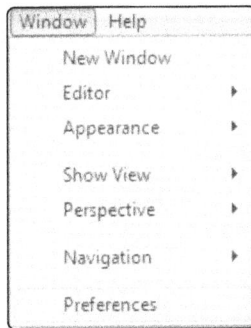

Figura C.21. Preferencias de leJOS EV3

Se abre un cuadro de diálogo, en la lista de la izquierda hacemos clic en la opción de leJOS EV3 y nos cercioramos de que esté la dirección del *EV3_HOME* la dirección predeterminada es *"C:\Program Files\leJOS EV3"* pero si se instaló en otra parte se tendrá que asignar de forma manual.

Para enviar los programas al ladrillo del EV3 por medio de wifi, se deberá marcar la casilla para conectarse a un ladrillo por defecto (*Connect to named brick*) y se escribe la dirección IP que muestra el ladrillo en la pantalla, se presiona OK para guardar.

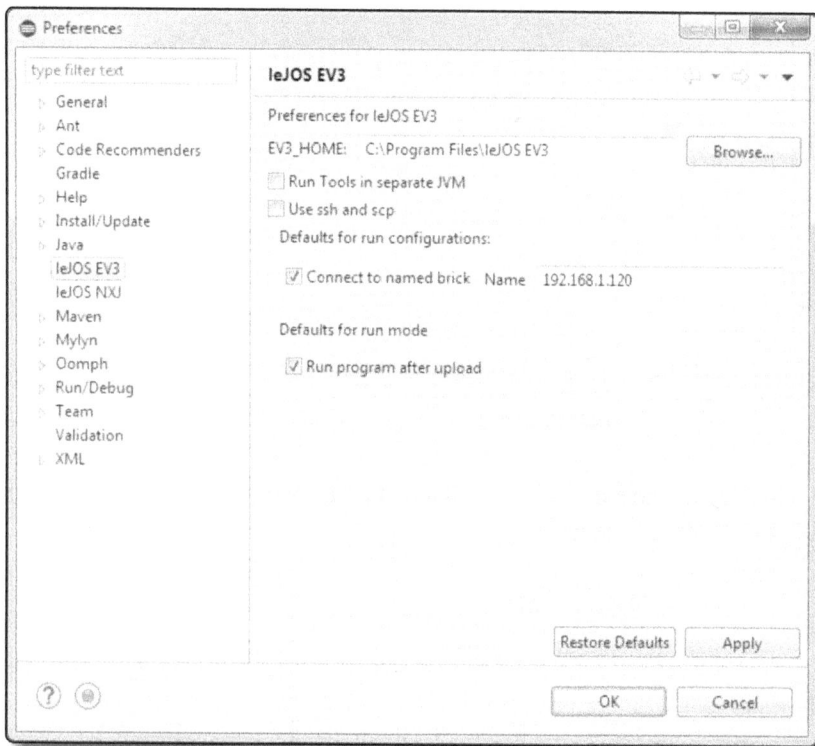

Figura C.22. Dirección IP del ladrillo para cargar programas

Una vez concretada la instalación del complemento de leJOS en Eclipse, se está listo para comenzar a realizar el primer programa en leJOS EV3. Después de esta instalación se visualiza un nuevo menú "leJOS EV3" además de la herramienta ▪ donde es posible iniciar el *EV3 SD GUI* para crear la tarjeta SD de arranque cargar el sistema de Java al ladrillo EV3 (para más información ver C.2 parte 2).

C.4 CREAR UN NUEVO PROYECTO EN ECLIPSE

1. En el menú Archivo se selecciona Nuevo y luego Proyecto (Figura C.23).

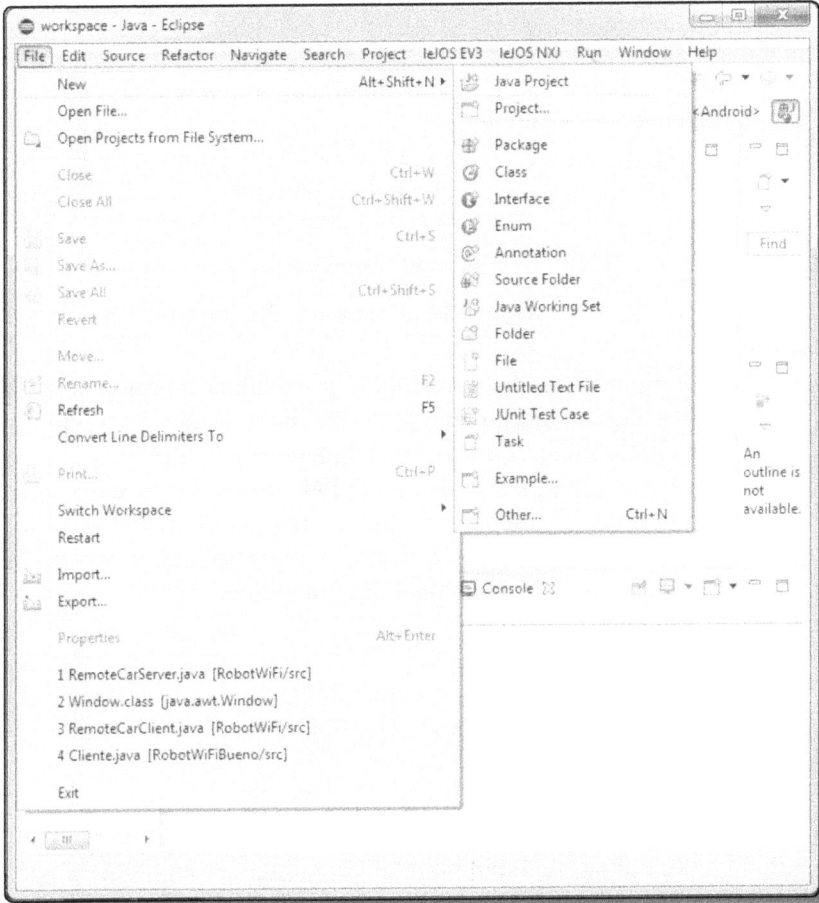

Figura C.23. Creando nuevo proyecto

2. Al seleccionar la opción Proyecto se abre un cuadro de diálogo donde se marca el tipo de proyecto que se va a trabajar, en este caso se específica que es un proyecto de leJOS, seleccionando *leJOS EV3 Proyect* (Figura C.24).

Figura C.24. Seleccionando tipo de proyecto a realizar

3. El siguiente cuadro de diálogo es para completar el nombre del proyecto, el JRE a usar e indicar el lugar donde se guardará el proyecto (Figura C.25), la dirección se puede dejar la que tiene predeterminada, solo escribir el nombre y asegurarse de que el JRE seleccionado sea el *JavaSE-1.7* (de otro modo el ladrillo EV3 no lo reconoce), al dar siguiente aparecerá la ventana de confirmación del proyecto, puede omitir esta ventana pulsando Finalizar en lugar de siguiente.

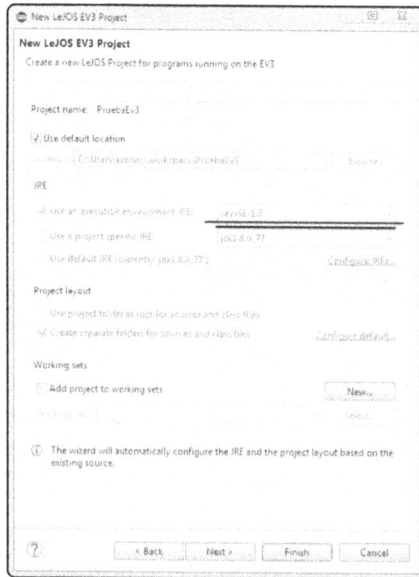

Figura C.25. Nombre de proyecto y selección del JRE Versión 7

4. Ahora que el proyecto se generó se procede a crear una nueva clase de Java. Para esto, en el lazo izquierdo de la pantalla se encuentra el proyecto generado, al dar clic sobre este se desplegará su contenido. Uno de los directorios con los que cuenta es la carpeta *src*. Sobre esta carpeta se da clic derecho y en la lista desplegable que aparece seleccionar Nuevo y después Clase (*Class*).

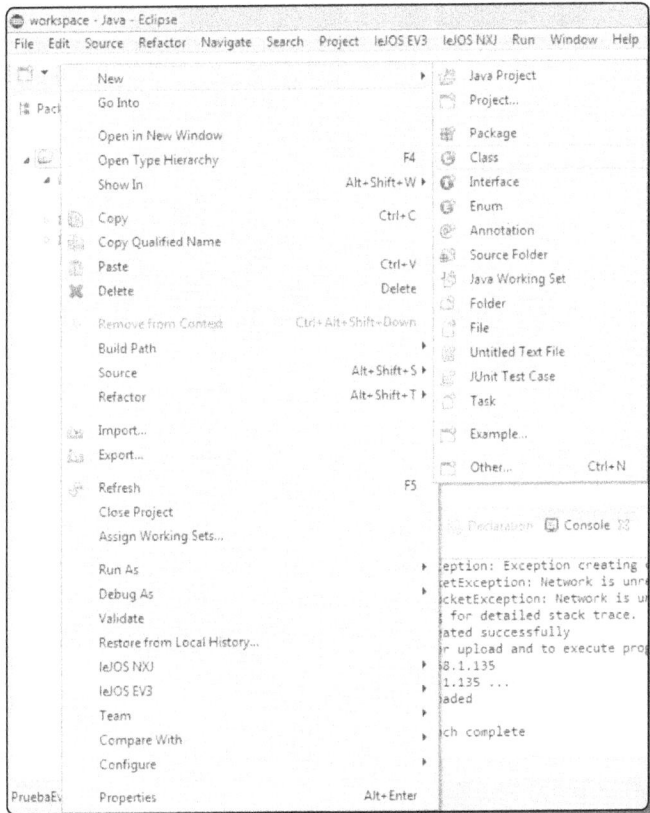

Figura C.26. Creando una clase

5. Se completan los datos de la clase como los son *package* y nombre de la clase (Figura C.26). Por respetar los estándares del lenguaje Java, el nombre de la clase debe comenzar con letra mayúscula y en *package* es la ruta donde se guardarán los códigos que se realicen, se puede dar palabras significativas en el trabajo a realizar por ejemplo *cucei.udg.lejos.ev3*, o bien, dejar este espacio en blanco y que se tome los valores por omisión.

Figura C.27. Completando datos del package y nombre de la clase

6. Ahora es posible comenzar a escribir el código. Una de las ventajas al utilizar Eclipse es que al momento se indica si hay algún error y sugiere posibles soluciones a estos. También se observan diferentes colores en el escrito, además, conforme se escribe aparece la ayuda (Figura C.28), seleccionando de la lista desplegable los métodos ya existentes, de los cuales se puede obtener mayor información en el API de leJOS Ev3 en *http://www.lejos.org/ev3/docs,* está proporciona información de todos los métodos y funciones para el manejo de los Lego EV3 en leJOS EV3.

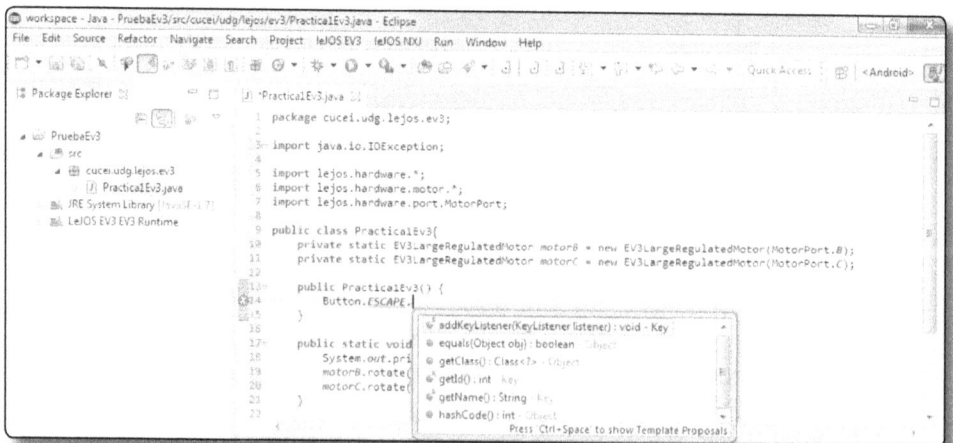

Figura C.28. Desplegable de eclipse para autocompletar

C.5 CONEXIÓN USB

En el caso de LeJOS el USB no funciona solo conectando el hardware, para establecer una comunicación entre la pc y el ladrillo, es necesario realizar la configuración adecuada y crear una red USB como se explicará a continuación:

C.5.1 Configuración del ladrillo EV3

En el menú de opciones del ev3 se elige la opción PAN, USB *Client, address* <auto>.

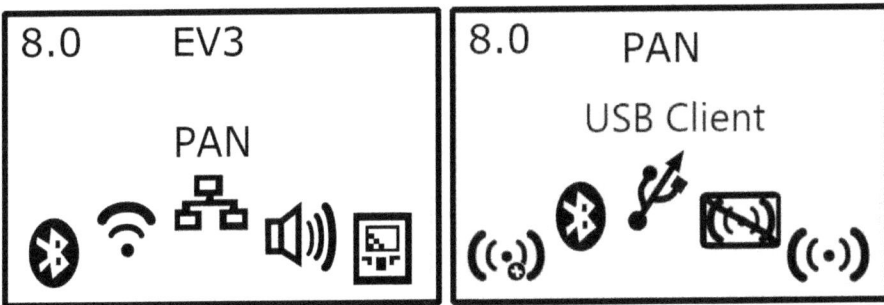

Figura C.29. Configuración del puerto USB

En el menú de la Figura C.30 a) selecciona *address <auto>*, posteriormente en el menú siguiente Figura C.30 b) selecciona *Advanced*.

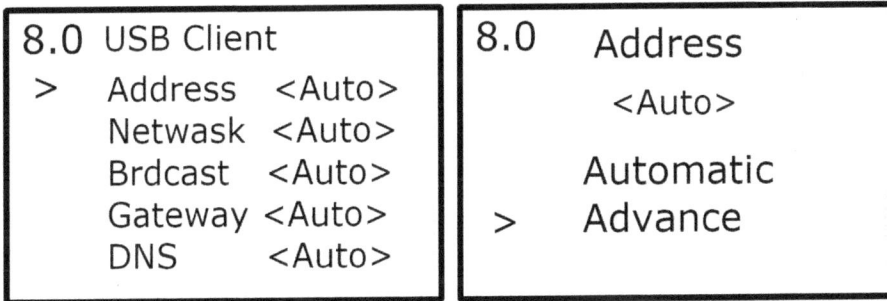

Figura C.30. Menú de configuración del puerto USB

Ahora se escribe la dirección IP de la red, por ejemplo: 192.168. 100.11 (Figura C.31) con máscara de subred 255.255.255.0, para escribir la máscara de subred, debe retroceder en el menú un paso al menú de la Figura C.30 a) y elegir la opción *Netwask/Advance* y escribir la dirección, se presiona el botón escape para salir del menú y almacenar la configuración.

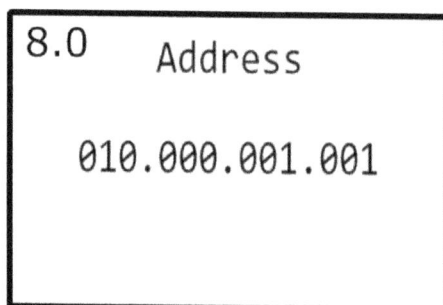

Figura C.31. Dirección IP de la conexión USB

C.5.2 Configuración de la Red USB

Para crear la red USB es necesario ir a *panel de control/Sistema y seguridad/ Sistema* se elige la opción administrador de dispositivos de la barra de la izquierda.

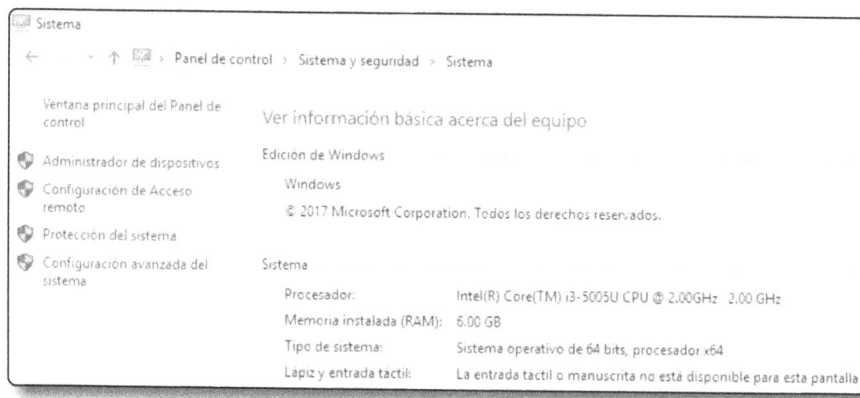

Figura C.32. Panel de control para abrir administrador de dispositivos

En la ventana de administrador de dispositivos se elige la opción *otros aparatos*, se elige la opción *RNDIS/Ethernet Gadged* dar clic, y botón derecho, se elige actualizar controlador, elige la opción Buscar Software del Controlador en el equipo. Figura C.33.

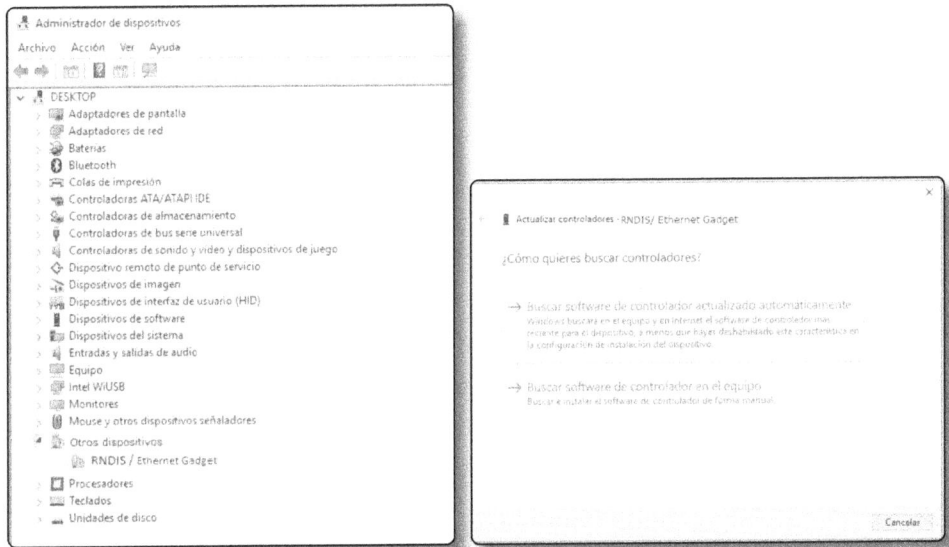

Figura C.33. Administrador de Dispositivos/ Otro Dispositivo

Posteriormente dar clic en elegir en una lista de controladores disponibles en el equipo seleccionar la opción adaptador de red/2L Internacional. Figura C.34.

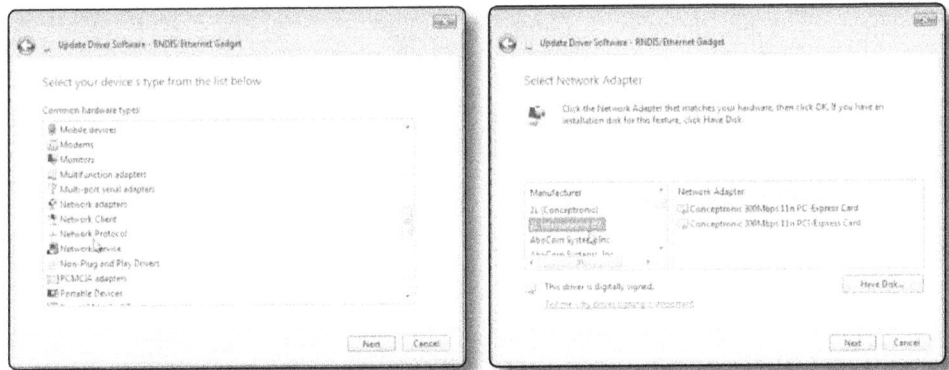

Figura C.34. Adaptador de Red

Elegir Corporación Microsoft/Dispositivo compatible RNDIS/siguiente/ cerrar. Figura C.35.

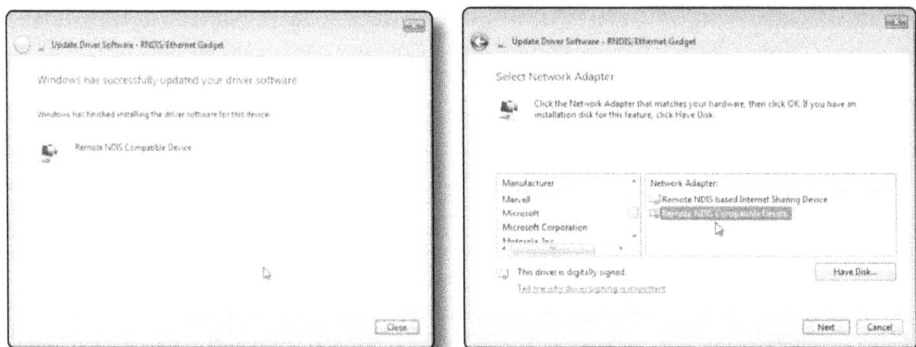

Figura C.35. Actualizar controlador

C.6 CONEXIÓN POR BLUETOOTH

Para realizar la conexión es necesario tener una red personal *Bluetooth* (PAN) que admita compartir documentos, este tipo de red es muy parecida a la red de acceso inalámbrico, ya que también asigna una dirección IP a los dispositivos por tanto se utiliza el protocolo TCP/IP entre la computadora y el ladrillo. Para realizar la conexión es necesario efectuar los siguientes pasos.

Entrar al panel de control / red e internet / centro de redes y recursos compartidos, seleccionamos Administrar conexiones de red y cambiar la configuración del adaptador.

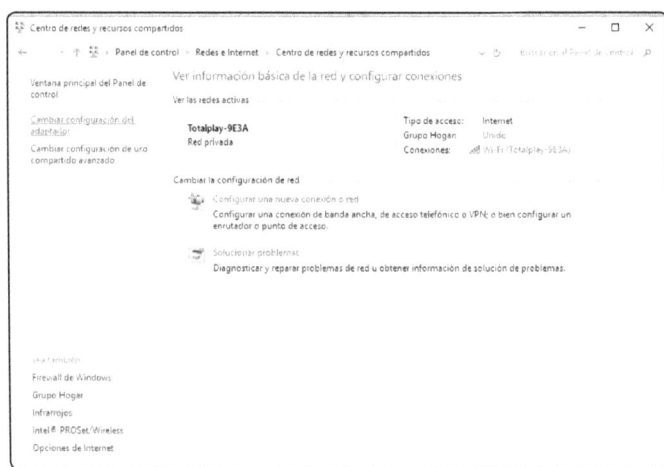

Figura C.36. Panel de control

En la pestaña deberá aparecer el icono *"Bluetooth Network Connection"* que aparece como no conectado. Haga clic en este para seleccionarlo y en la barra de herramientas elija la opción *Ver dispositivos de red Bluetooth*.

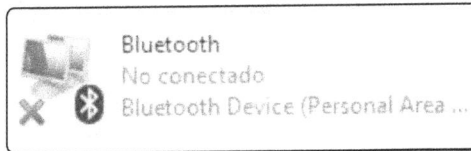

Figura C.37. Icono de red Bluetooth

Aparecerán los dispositivos que se han emparejado anteriormente uno de estos puntos de acceso debe decir *"Punto de acceso de la Red EV3 BlueZ PAN Servicie"* de clic en esa opción y conectar. Una vez que esta emparejado el dispositivo, puede acceder al EV3 utilizando la dirección IP 10.0.1.1. o bien asignar alguna perteneciente a su red personal *Bluetooth*.

C.7 PREPARANDO EL WIFI

Se conecta una tarjeta USB wifi soportada al ladrillo EV3

MARCA	MATRÍCULA
NETGEAR	N150 (WNA1100)
DIGITAZZ	DIGITAZZ 150Mbps Wireless Adaptor
TP-LINK	TL-WN725N 150Mbps USB Adapter
THE PI HUT	USB Wi-Fi Adapter for Raspberry Pi
CSL	USB Wlan (wifi) for PC/Raspberry Pi
EDIMAX	EW-7811UN 150Mbps Wireless Nano

Tabla C.1. Tarjetas wifi soportadas en LeJOS

En la pantalla veremos el siguiente menú. Nos desplazamos hasta el ícono de wifi y lo seleccionamos presionando el botón central del ladrillo. Figura C.37.

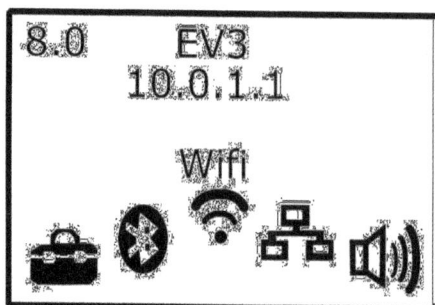

Figura C.37. Pantalla de menú de opciones del LEGO EV3

Se desplegará una lista de redes detectadas, seleccionamos a la que deseemos conectarnos. Figura C.38.

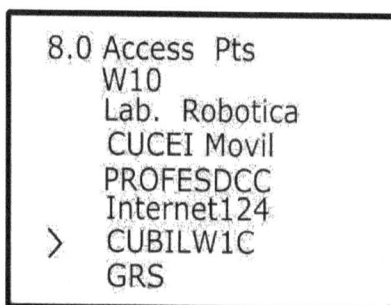

Figura C.38. Menú de opciones de Wifi en el EV3

En caso de que la red esté protegida con contraseña, se nos pedirá que la introduzcamos. Figura C.39.

Figura C.39. Captura de la contraseña de red wifi en el EV3

Una vez introducida la contraseña, seleccionamos el ícono de la flecha para confirmarla (Figura C.40 a)) y después de unos segundos podremos ver en el menú principal la dirección IP asignada al ladrillo como se muestra en la Figura C.40 b).

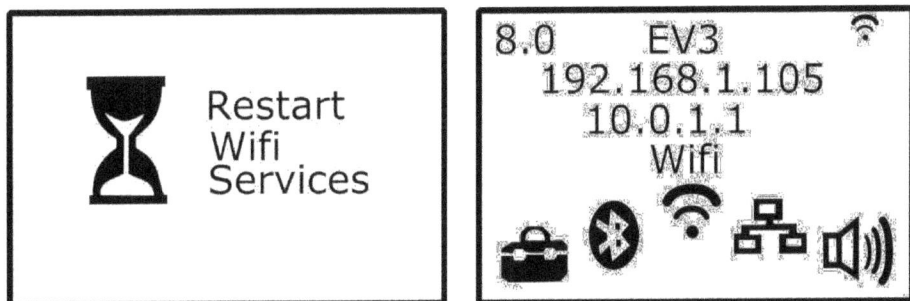

Figura C.40. Pantalla principal del EV3 después de asignar la dirección IP

En la pantalla del ladrillo aparecen dos direcciones la superior (192.168.1.105) corresponde a la dirección IP de la red wifi donde se encuentra conectado, la segunda corresponde a la dirección IP asignada a la red *Bluetooth*.

Apéndice D

PREPARANDO EL LEGO MINDSTORMS EV3 SUPPORT PACKAGE® DE MATLAB®

El paquete de soporte LEGO MINDSTORMS EV3 es un complemento que permite utilizar el hardware y software del ladrillo EV3, se descarga de la lista de productos MathWorks®, está disponible para Windows® de 32 bits y de 64 bits, para Mac de 64 bits y Linux de 64 bits.

D.1 INSTALAR EL LEGO MINDSTORMS SUPPORT PACKAGE

El paquete tiene todas las funciones de Matlab® necesarias para realizar la comunicación con el EV3. A continuación se enumera una serie de pasos a seguir para efectuar el proceso de instalación. Cabe aclarar que es requisito fundamental para que la conexión se realice adecuadamente entre la computadora y el cerebro EV3, instalar en él la versión de firmware V1.03 que puede ser descargada de la liga siguiente.

http://esd.lego.com.edgesuite.net/digitaldelivery/mindstorms/57cd7e71-5c65-4651-a47e-29d6a83f8980/public/EV3%20Firmware%20V1.03H.bin

La descarga del paquete se realiza de las dos maneras siguientes:

FORMA 1

Descargue el paquete de soporte del sitio *https://es.mathworks.com/hardware-support/lego-mindstorms-ev3-matlab.html*.

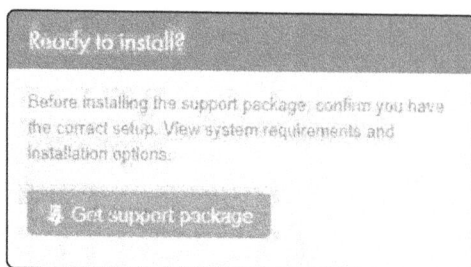

Figura D.1

Al hacer clic en el botón *Get support package*, se proporciona el archivo de instalación: *([filename].mlpkginstall)*

1. Abra el archivo *.mlpkginstall* directamente desde su navegador de Internet o bien, Abra el archivo *.mlpkginstall* directamente desde MATLAB®, navegue por la carpeta actual hasta la ubicación del archivo descargado y haga doble clic en él. Esto iniciará la instalación para la versión de MATLAB® que tiene abierta.

FORMA 2

1. En la barra de herramientas de MATLAB® haga clic en *Add-Ons > Get Hardware Support Packages*, esto inicia el instalador del Paquete de Soporte.

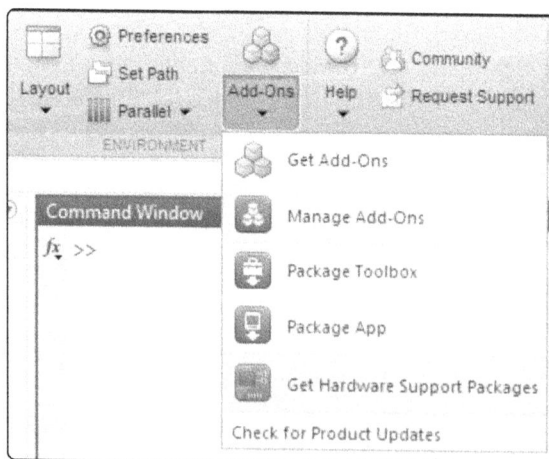

Figura D.2

2. Esto abrirá la ventana siguiente:

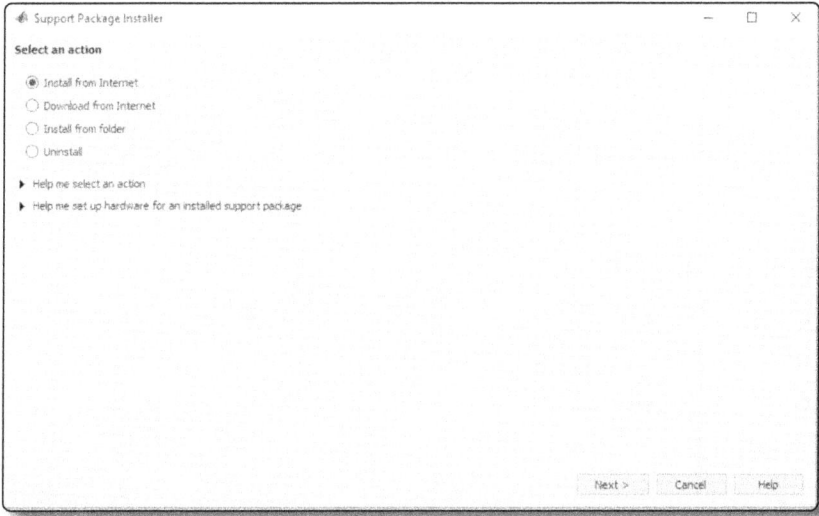

Figura D.3

3. En el instalador de paquete de soporte selecciona LEGO MINDSTORMS EV3 de la lista, elige los dos paquetes para MATLAB® y *Simulink*, selecciona instalar y presione el botón confirmar.

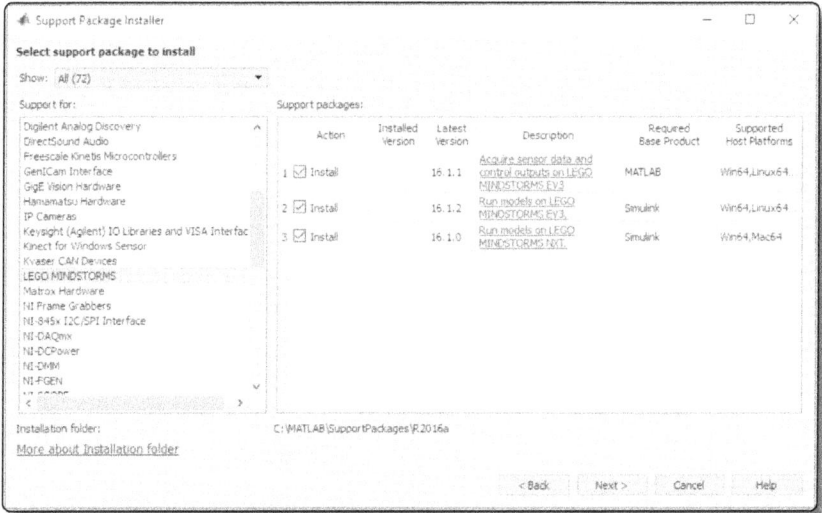

Figura D.4

4. A continuación, aparecen las ventanas siguientes, se acepta y *next*.

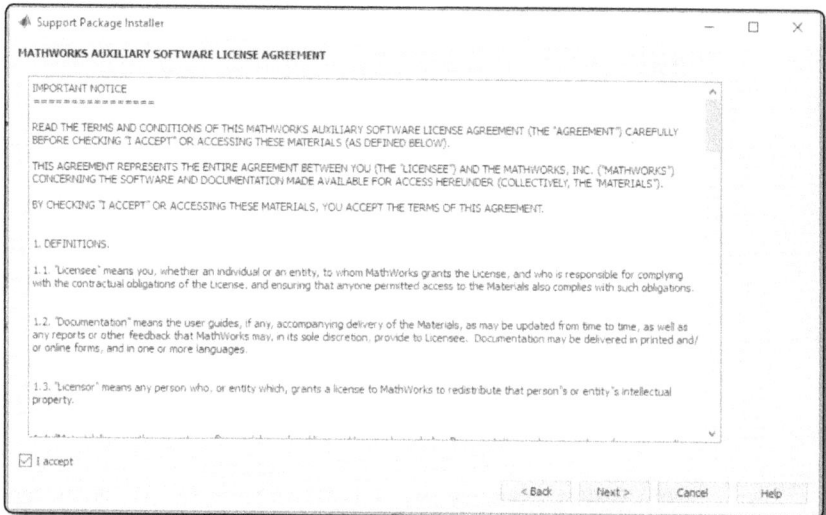

Figura D.5

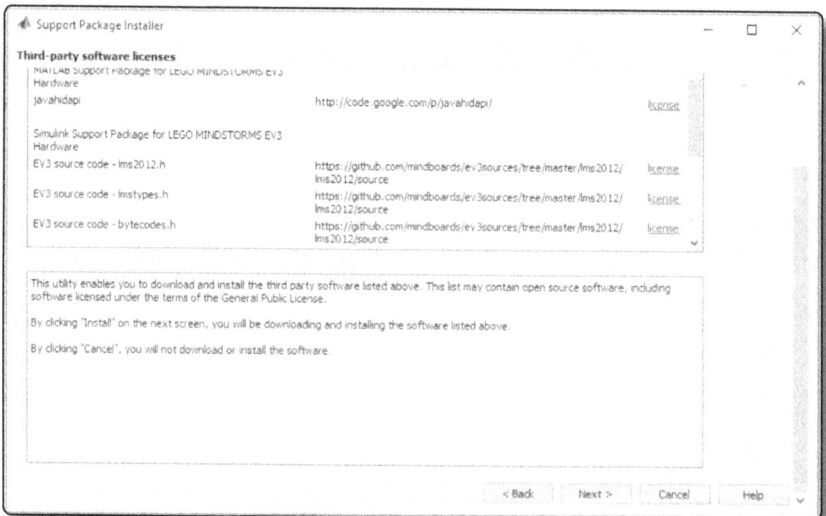

Figura D.6

5. El Instalador establecerá que ha escogido para instalar el paquete de soporte del LEGO MINDSTORMS y enlista el software de terceros que ha decidido utilizar (Figura D.7).

Revise la información, y dé clic en *Install*.

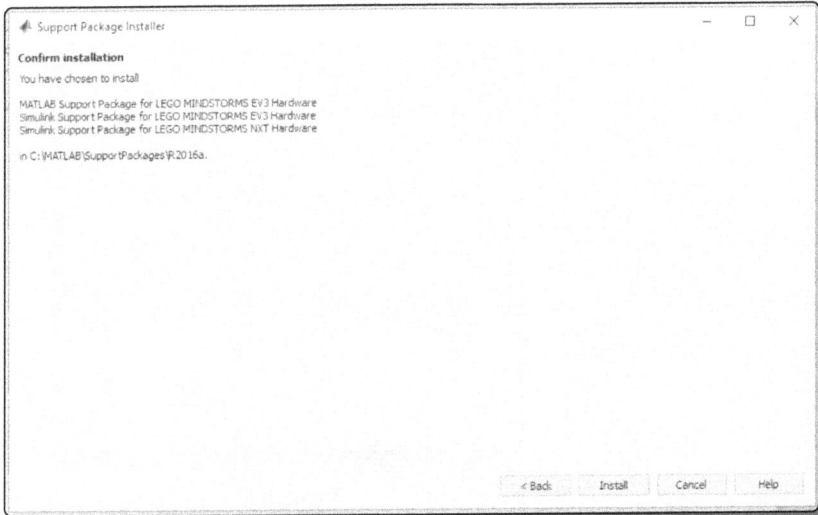

Figura D.7

6. El Instalador Objetivo despliega una barra con el progreso mientras descarga e instala el software de terceros (Figura F.8).

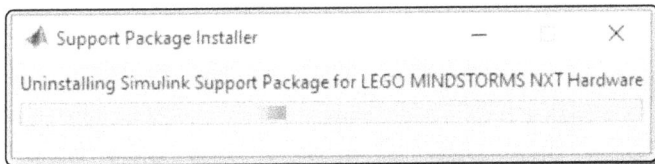

Figura D.8

ⓘ **NOTAS**

Si usted ha instalado previamente esto, el Instalador Objetivo removerá los archivos previos antes de colocar los actuales. Si el Instalador Objetivo no puede remover estos archivos automáticamente, le indicará que usted los remueva manualmente. Cierre cualquier software de Matlab® antes de borrar cualquier archivo. Posterior a la eliminación, reinicie el software de Matlab® y abra el Instalador Objetivo nuevamente.

7. El Instalador Objetivo terminará de instalar el software y desplegará la siguiente pantalla. (Figura D.8).

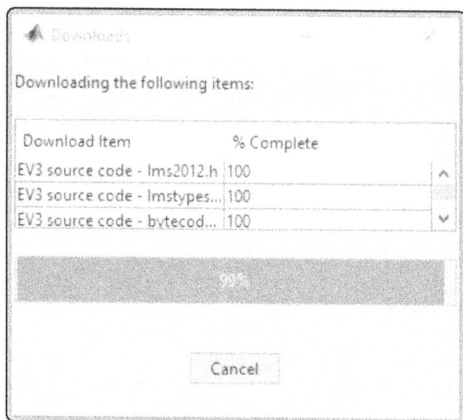

Figura D.9

8. Una vez completado el proceso de instalación aparece la ventana siguiente donde puede verificar los paquetes instalados. (Figura D.10) Por último haga clic en *close*.

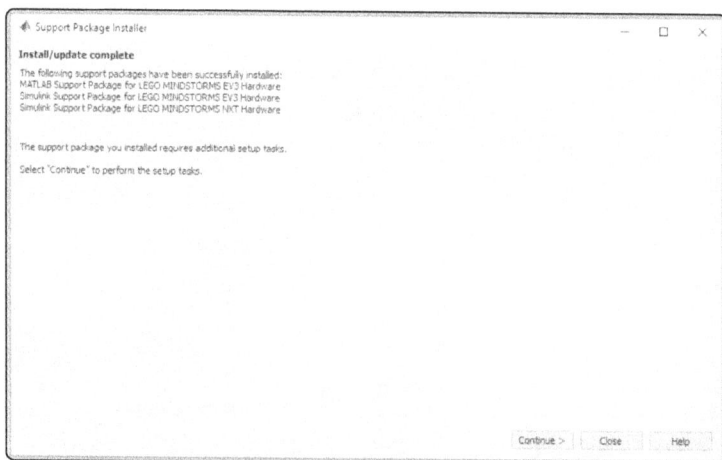

Figura D.10

9. Para ver los ejemplos y ayuda seleccione la casilla de verificación como lo muestra la Figura D.11 y haga clic en *Finish*.

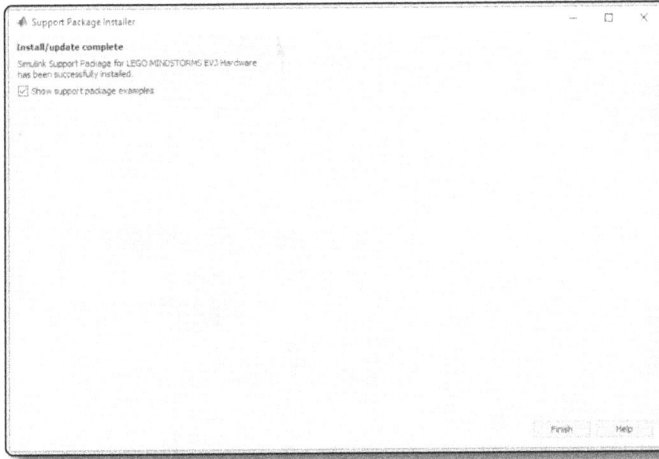

Figura D.11

Una vez instalado el firmware y el paquete de soporte de MATLAB®, conecte el EV3 vía USB y en la ventana de comando escriba lo siguiente:

```
myev3 = legoev3('USB')
```

Esta instrucción efectuará la conexión con el EV3.

D.2 CONEXIÓN MEDIANTE WIFI

Para efectuar la conexión del EV3 y el software de Matlab® por medio de una red inalámbrica siga los siguientes pasos:

1. Cerciórese de que la computadora está conectada a la red inalámbrica (WPA2 o ninguna encriptación).

2. Conectar el *dongle* de wifi al EV3. Se recomienda el *dongle* de la marca *NETGEAR* modelo N150 (WNA1100). Para que el robot detecte correctamente el dispositivo de wifi es necesario reiniciar o bien, conectarlo en el puerto USB cuando está apagado y encenderlo posteriormente.

3. Una vez encendido en EV3 en el menú diríjase al apartado wifi.

4. Seleccione la casilla de verificación wifi Figura D.12.

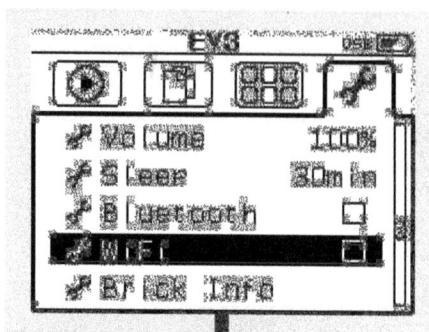

Figura D.12. Menú de configuración EV3

5. Elija *Connections* como aparece en la siguiente Figura D.13.

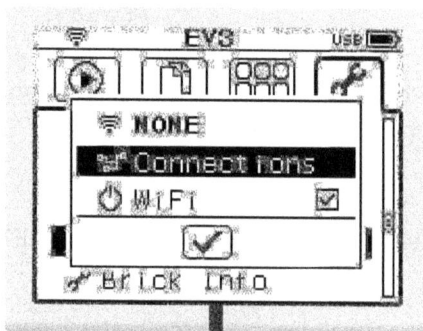

Figura D.13. Menú de conexión WIFI

6. Muévase en el menú de redes inalámbricas y seleccione la red en la que se encuentra conectada su computadora. Figura D.14.

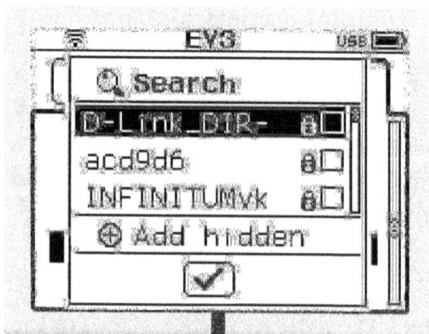

Figura D.14. Lista de redes inalámbricas

7. Seleccione *connect*, elija el tipo de encriptación que posee la red inalámbrica a la que se encuentra conectado, que puede ser WPA2 o ninguna. Figura D.15.

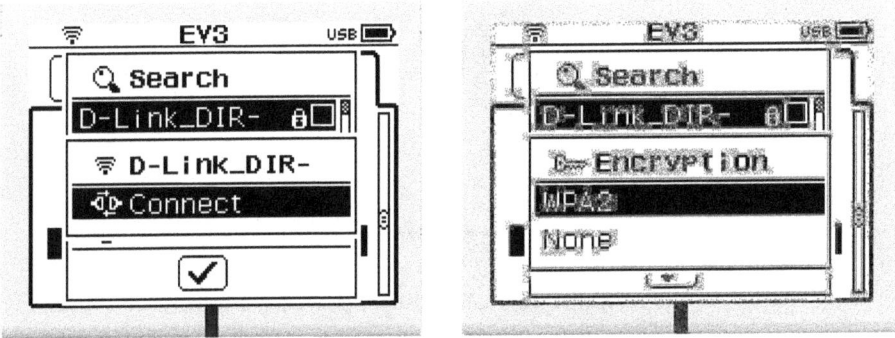

Figura D.15. Conexión a la red a) Conectar a la red seleccionada. b) Elegir el tipo de encriptación

8. Escriba la clave de acceso para la conexión en la red seleccionada. Figura D.16.

Figura D.16. Pantalla para capturar la contraseña.

9. Confirme que el acceso a la red inalámbrica se encuentra marcada como aparece en la Figura D.17. A continuación, presione el botón atrás, hasta salir del menú.

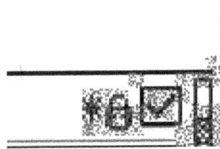

Figura D.17. Símbolo que aparece cuando el EV3 está conectado a la red inalámbrica

10. Si la conexión se efectuó correctamente, debe aparecer en la parte superior izquierda de la pantalla del EV3 el símbolo ▚▛ y en el menú la casilla de verificación de wifi marcada. Figura D.18.

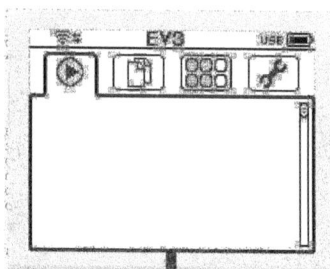

Figura D.18. Pantalla del EV3 posterior a la conexión

11. Para terminar, es necesario escribir las líneas siguientes en la ventana de comando de Matlab® o en el inicio del script.

```
myev3 = legoev3('wifi','192.168.100.10','0016534caba4')
```

D.3 CONEXIÓN MEDIANTE BLUETOOTH

Para realizar la conexión del EV3 y el software de Matlab® por medio de Bluetooth siga los pasos a continuación:

1. Conecte el dongle de Bluetooth al EV3. Para que el robot detecte correctamente el dispositivo Bluetooth es necesario reiniciar el robot o bien, conectarlo en el puerto USB cuando está apagado y encenderlo posteriormente.

2. En el menú del EV3 seleccione configuración/Bluetooth/Bluetooth para activarlo. La Figura D.19 muestra el menú.

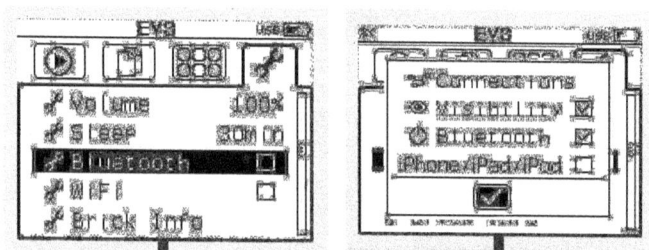

Figura D.19 Menú de configuración. a) Seleccionar conexión Bluetooth. b) Elegir visibilidad y conexión Bluetooth

3. En la computadora (Windows) diríjase Configuración/Bluetooth y otros dispositivos. Seleccione agregar Bluetooth como aparece en la Figura D.20 a) configuración y activación del Bluetooth en la computadora y b) búsqueda de dispositivos Bluetooth.

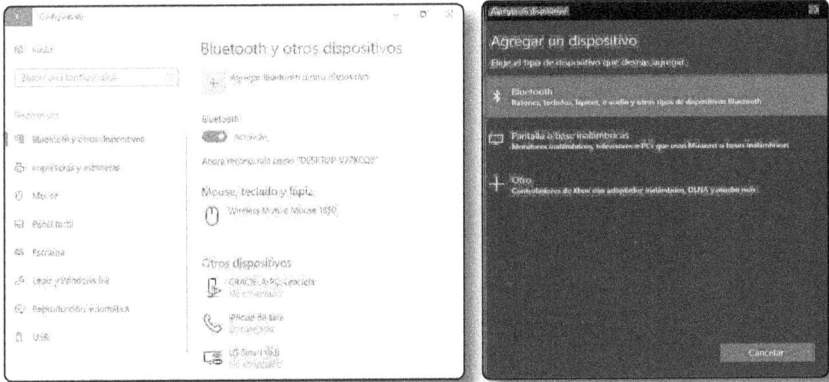

Figura D.20. Activar Bluetooth en la computadora. a) Activar Bluetooth. b) Agregar dispositivos

4. Para agregar el dispositivo Bluetooth seleccione el correspondiente EV3, le solicitara la clave de acceso, la clave predeterminada es "1234" escríbala y haga clic en el botón conectar. Figura D.21.

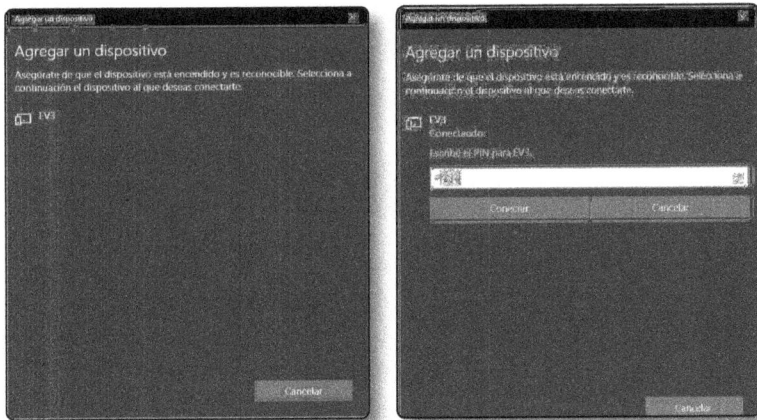

Figura D.21. Configuracion de Bluetooth. a) Elegir de la lista de dispositivos Bluetooth el robot. b) ingresar la contraseña

5. En la pantalla del robot aparecerá una ventana para aceptar la conexión con la computadora como se muestra en la Figura D.22 el inciso a) muestra la ventana de solicitud de conexión con el nombre del dispositivo que quiere conectarse al EV3 y el inciso b) es la ventana para escribir el código que efectuara la conexión entre los dos dispositivos. Si el código no es el correcto, la conexión no se efectúa.

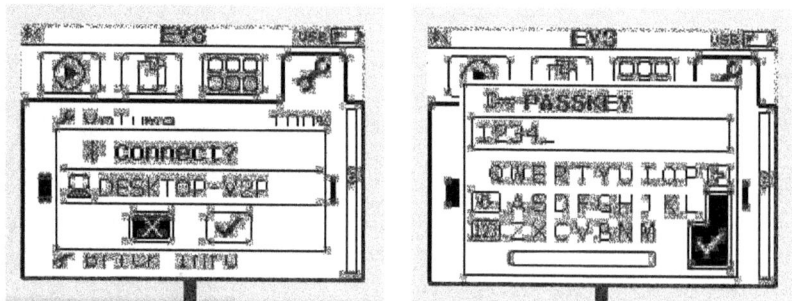

Figura D.22. Emparejar el EV3. a) Ventana para aceptar la conexión con la computadora. b) Ingresar el código de emparejamiento

6. Una vez escrita la contraseña de acceso que también es "1234" en el robot, aparecerá en el menú, la opción Bluetooth seleccionada y palomeada la casilla de verificación, indicando que se ha conectado correctamente. Observe que en la parte superior izquierda de la pantalla del EV3 aparece el símbolo de conexión Bluetooth activa. Figura D.23 menú de configuración con la opción Bluetooth activada.

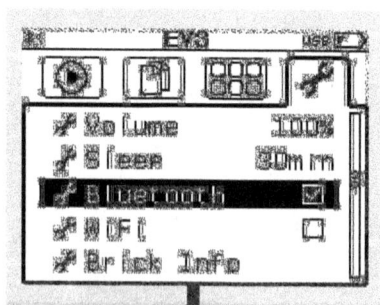

Figura D.23. Menú de configuración después de la conexión por Bluetooth

7. Abra el panel de control/ Hardware y sonido/ Ver dispositivos e impresoras. Figura D.24.

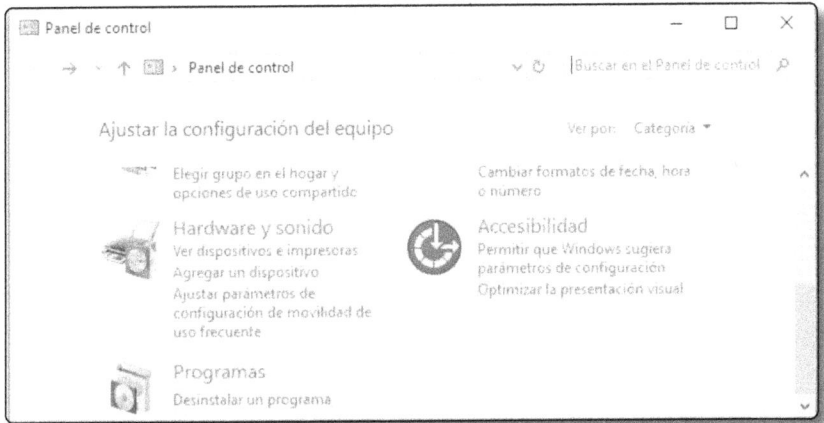

Figura D.24. Panel de control

8. Seleccione el dispositivo correspondiente al robot conectado por Bluetooth (Figura D.25) y con el botón derecho del ratón elija propiedades.

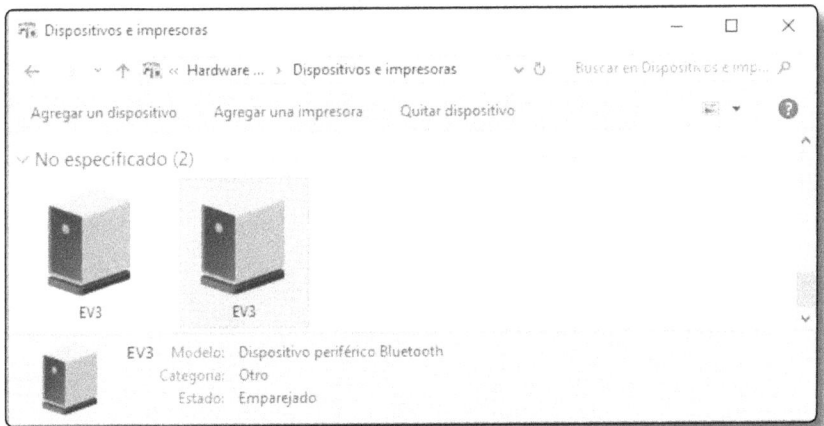

Figura D.25. Dispositivos Bluetooth

9. En la ventana que aparece elija la pestaña de Hardware y observe que se encuentra el puerto del vínculo de Bluetooth que para este ejemplo es el COM6. Figura D.26. Ese puerto se usará para realizar la conexión en el entorno de Matlab®.

Figura D.26. Ventana de Propiedades del Robot Lego EV3

10. Vaya al entorno de Matlab® y en la ventana de comando, escriba la línea siguiente, y deberán aparecer los datos de la conexión. Figura D.27.

```
myev3 = legoev3('Bluetooth','COM6')
```

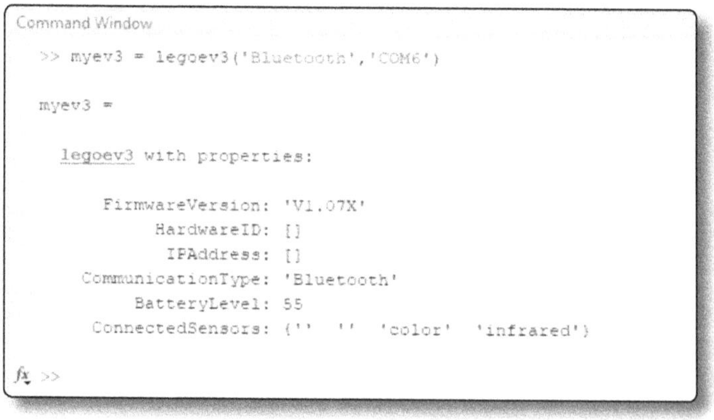

Figura D.27. Ventana de comando de Matlab®

Para obtener mayor información acerca de la biblioteca de funciones implementadas en esta plataforma, puede visitarse la dirección web: *https://www. mathworks.com/help/supportpkg/legomindstormsev3io/functionlist.html*

BIBLIOGRAFÍA

Armstrsong, B., (1989), *On finding exciting trajectories for identification experiments involving systems with nonlinear dynamics*. Int J Robot Res 8(6):28.

Arkin R, (1999), *Behavior-based robotics*. The MIT Press.

Bar-Shalom, Y., Rong Li, X., Thiagalingam, K., (2001), *Estimation with applications to tracking and navigation*. Wiley-Interscience.

Bell, M., Kelly, J., (2017), *Lego Mindstorms EV3*. Apress.

Benedettelli, D., (2014), *The LEGO MINDSTORMS EV3 Laboratory: Build, Program, and Experiment with Five Wicked Cool Robots*. No Starch Press.

Brady, M., Hollerbach, J.M., Johnson, T.L., Lozano-Pérez, T., Mason, M.T., (1982), *Robot motion: Planning and control*. The MIT Press.

Borenstein, J., Everet, H.R., Feng, L., (1996), *Navigating Mobile Robots, Systems and Techniques*. Natick, M.A., A.K. Peters, Ltd.

Buehler, M., Iagnemma, K., Singh, S., (2010), *The DARPA urban challenge. Tracts in Advanced Robotics, vol 56*. Springer-Verlag.

Canudas de Wit, C., Siciliano, B. and Bastin, G., (1996), *Theory of Robot Control*. New York, Spinger-Verlag.

Choset, H.M., Lynch, K.M., Hutchinson, S., Kantor, G., Burgard, W., Kavraki, L.E., Thrun, S., (2005), *Principles of robot motion*. The MIT Press.

Corke, P.I., (2007), *A simple and systematic approach to assigning Denavit-Hartenberg parameters*. IEEE T Robotic Autom 23(3):590–594.

Corke, P., (2011), *Robotics, Vision and Control Fundamental Algorithms in MATLAB*. Springer.

Cox, I.J., Wilfong, G.T., (1990), *Autonomous Robot Vehicles*. New York, Spinger-Verlag.

Craig, J.J., (2004), *Introduction to robotics: Mechanics and control*. Prentice Hall.

Cuevas, E., Osuna, J., Oliva, D. y Díaz, M., (2016), *Optimización de Algoritmos Programados con MATLAB*. Alfaomega.

de Silva, C.W., (1989), *Control Sensors and Actuators. Upper Saddle River*. NJ, Prentice Hall.

Elliot, F. et all, (2002), *10 Cool LEGO® MINDSTORMS™ Robotics Invention System 2™ Projects*. Syngress Publishing, Inc.

Everett, H.R., (1995), *Sensors for Mobile Robots, Theory and Applications*. New York, Natick, M.A., A.K. Peters, Ltd.

Ferguson, D., Stentz, A., (2006), *Using interpolation to improve path planning: The Field D* algorithm*. Journal of Field Robotics 23(2), 79–101.

Griffin, T., (2014), *Art of LEGO MINDSTORMS EV3 Programming*. No Starch Press.

Jones, J., Flynn, A., (1993), *Mobile Robots, Inspiration to Implementation*. Natick, M.A., A.K. Peters, Ltd.

Hollerbach, J.M., (1982), *Dynamics. In: Robot motion – Planning and control*. The MIT Press, pp 51–71.

Horn, B.K.P., Hilden, H.M., Negahdaripour, S., (1988), *Closed-form solution of absolute orientation using orthonormal matrices*. J Opt Soc Am A 5(7):1127–1135.

Howard, T.M., Green, C.J., Kelly, A., Ferguson, D., (2008), *State space sampling of feasible motions for high performance mobile robot navigation in complex environments*. J Field Robotics 25(6–7):325–345.

Kennedy, J. and Eberhart, R., (1995), *Particle swarm optimization, IEEE International Conference on Neural Networks*. Piscataway, pp.1942-1948.

Khalil, W., Dombre, E., (2002), *Modeling, identification and control of robots*. Kogan Page Science.

Klafter, R.D., Chmielewski, T.A., Negin, M., (1989), *Robotic engineering – An integrated approach*. Prentice-Hall.

Koenig, S., Likhachev, M., (2005), *Fast replanning for navigation in unknown terrain*. IEEE T Robotic Autom 21(3):354–363.

Kortenkamp, D., Bonasso, R.P., Murphy, R.R., (1998), *Artificial Intelligence and Mobile Robots; Case Studies of Successful Robot Systems*. Cambridge, MA, AAA Press/MIT Press.

LaValle, SM, (2006), *Planning algorithms*. Cambridge Univ Press.

Latombe, J.C., (1991), *Robot Motion Planning*. Norwood, M.A., Kluwer Academic Publishers.

Leonard, J.E., Durrant-Whyte, H.F., (1992), *Directed Sonar Sensing for Mobile Robot Navigation*. Norwood, M.A., Kluwer Academic Publishers.

Maimone, M., Cheng, Y., Matthies, L., (2007), *Two years of visual odometry on the Mars exploration rovers*. J. Field Robotics 24(3):169–186.

Manyika, J., Durrant-Whyte, H.F., (1994), *Data Fusion and Sensor Management: A Decentralized Information-Theoretic Approach. Ellis Horwood Series in Electrical and Electronic Engineering*. Prentice Hall.

Martin, F., (1992), *The 6.270 Robot Builder's Guide for the 1992 M.I.T. LEGO Robot Design Competition*. The Massachusetts Institute of Technology.

Mason, M., (2001), *Mechanics of Robotics Manipulation*. Cambridge, M.A., MIT Press.

Matariõ, M.J., (2007), *The robotics primer*. MIT Press.

Matthews, N.D., An, P.E., Harris, C.J., (1995), *Vehicle detection and recognition for autonomous intelligent cruise control*. Image, Speech and Intelligent Systems 6.

Murphy, R., (2000), *Introduction to AI Robotics*. MIT Press.

Nourbakhsh, I., (1997), *Interleaving Planning and Execution for Autonomous Robots*. Norwood, M,A,, Kluwer Academic Publishers.

Ng, J., Bräunl, T., (2007), *Performance comparison of bug navigation algorithms*. J Intell Robot Syst 50(1):73–84.

Nilsson, N.J., (1971), *Problem-solving methods in artificial intelligence*. McGraw-Hill.

Osita, D. I., Nwokah, Y. H., (2001), *The Mechnical systems design handbook. Modeling, Measurement, and Control*. CRC PRESS.

Park, E.J.,(2014), *Exploring LEGO MINDSTORMS EV3*. Wiley.

Paul, R.P., (1981), *Robot manipulators: Mathematics, programming, and control*. MIT Press.

Price, K., Storn, R. and Lampinen, A., (2005), *Differential Evolution a Practical Approach to Global Optimization*. Springer Natural Computing Series.

Raibert, M.H., (1986), *Legged Robots That Balance*. Cambridge, MA, MIT Press.

Russell, S., Norvig, P., (1995), *Artificial Intelligence, a Modern Approach*. Prentice Hall International.

Siciliano, B., Khatib, O., (2008), *Springer handbook of robotics*. Springer-Verlag, New York.

Siciliano, B., Sciavicco, L., Villani, L., Oriolo, G., (2008), *Robotics: Modelling, planning and control*. Springer-Verlag.

Siegwart, R., Nourbakhsh, I.R., Scaramuzza, D., (2011), *Introduction to autonomous mobile robots*. The MIT Press.

Spong, M.W., Hutchinson, S., Vidyasagar, M., (2006), *Robot modeling and control*. Wiley.

Stentz, A., (1994), *The D* algorithm for real-time planning of optimal traverses*. The Robotics Institute, Carnegie-Mellon University, CMU-RI-TR-94-37.

Taylor, R.A., (1979), *Planning and execution of straight line manipulator trajectories*. IBM J Res Dev 23(4):424–436.

Thrun, S., Burgard, W., Fox, D., (2005), *Probabilistic robotics*. The MIT Press.

Todd, D.J., (1985), *Walking Machines, an Introduction to Legged Robots*. Kogan Page, Ltd.

Vallk, L., (2014), *LEGO MINDSTORMS EV3*. Discovery Book, Kindle.

Wiener, N., (1965), *Cybernetics or control and communication in the animal and the machine*. The MIT Press.

Zaldívar, D., Cuevas, E., (2006), *Desarrollo de controladores difusos enfocados a microcontroladores PIC*. Cuvillier-Verlag, Germany.

Zaldívar, D., Cuevas, E. and Rojas, R., (2007), *Design Humanoid Robotics*. Cuvillier-Verlag, Germany.

MATERIAL ADICIONAL

El material adicional de este libro puede descargarlo en nuestro portal web: *http://www.ra-ma.es*.

Debe dirigirse a la ficha correspondiente a esta obra, dentro de la ficha encontrará el enlace para poder realizar la descarga. Dicha descarga consiste en un fichero ZIP con una contraseña de este tipo: XXX-XX-XXXX-XXX-X la cual se corresponde con el ISBN de este libro.

Podrá localizar el número de ISBN en la página IV (página de créditos). Para su correcta descompresión deberá introducir los dígitos y los guiones.

Cuando descomprima el fichero obtendrá los archivos que complementan al libro para que pueda continuar con su aprendizaje.

INFORMACIÓN ADICIONAL Y GARANTÍA

- ▶ RA-MA EDITORIAL garantiza que estos contenidos han sido sometidos a un riguroso control de calidad.

- ▶ Los archivos están libres de virus, para comprobarlo se han utilizado las últimas versiones de los antivirus líderes en el mercado.

- ▶ RA-MA EDITORIAL no se hace responsable de cualquier pérdida, daño o costes provocados por el uso incorrecto del contenido descargable.

- ▶ Este material es gratuito y se distribuye como contenido complementario al libro que ha adquirido, por lo que queda terminantemente prohibida su venta o distribución.

www.ingramcontent.com/pod-product-compliance
Lightning Source LLC
Chambersburg PA
CBHW080524220326
41599CB00032B/6192